Rheinisch-Westfälische Akademie der Wissenschaften

Natur-, Ingenieur- und Wirtschaftswissenschaften   Vorträge · N 300

Herausgegeben von der
Rheinisch-Westfälischen Akademie der Wissenschaften

HANS ADOLF KREBS

On asking the right kind of question
in biological research

JOZEF SCHELL

Neue Aussichten für die Pflanzenzüchtung:
Gen-Übertragung mit dem Ti-Plasmid

Westdeutscher Verlag

268. Sitzung am 7. März 1979 in Düsseldorf

CIP-Kurztitelaufnahme der Deutschen Bibliothek

Krebs, Hans A.:
On asking the right kind of question in biological research / Hans Adolf Krebs. Neue Aussichten für die Pflanzenzüchtung: Gen-Übertragung mit d. Ti-Plasmid / Jozef Schell. – Opladen: Westdeutscher Verlag, 1981.
 (Vorträge / Rheinisch-Westfälische Akademie der Wissenschaften: Natur-, Ingenieur- u. Wirtschaftswiss. ; N 300)
 ISBN-13: 978-3-531-08300-1   e-ISBN-13: 978-3-322-87853-3
 DOI: 10.1007/978-3-322-87853-3
NE: Jozef Schell: Neue Aussichten für die Pflanzenzüchtung; Rheinisch-Westfälische Akademie der Wissenschaften ‹Düsseldorf›: Vorträge / Natur-, Ingenieur- und Wirtschaftswissenschaften

---

© 1981 by Westdeutscher Verlag GmbH Opladen
Gesamtherstellung: Westdeutscher Verlag GmbH

ISSN 0066-5754
ISBN-13: 978-3-531-08300-1

Inhalt

Hans Adolf Krebs, Oxford
On asking the right kind of question in biological research

Introduction	7
The special quality of questions in biological research	7
Failures in asking the right questions	8
Difficulties in finding answers to proper questions	13
Vestigial remnants and evolutionary accidents	14
Timeliness	15
Multiple functions	15
How to arrive at the right kind of question	15
Assessment of research potential in scientists	17
Wrong questions	17
References	19

Diskussionsbeiträge
   Professor Dr. med. *Ludwig E. Feinendegen;* Sir *Hans Adolf Krebs,* M.D., M.A.; Professor Dr. phil. *Maximilian Steiner;* Professor Dr. med., Dr. rer. nat. *Wilhelm Stoffel;* Professor Dr. rer. nat. *Dietrich H. Welte;* Professor Dr. rer. nat. *Johann Schwartzkopff;* Professor Dr. phil. nat. *Augustin Betz;* Bergrat a. D. Professor Dr.-Ing. *Otto Dünbier;* Professor Dr. med. *Benno Hess;* Professor Dr. rer. nat. *Werner Schreyer* 21

Jozef Schell, Köln
Neue Aussichten für die Pflanzenzüchtung: Gen-Übertragung mit dem Ti-Plasmid

Konventionelle und unkonventionelle Methoden der Pflanzenzüchtung	31
Bakterien-induzierte Tumorbildung in Pflanzen	32

Bakterien als Parasiten 33
Plasmide steuern die Beziehung Bakterium – Pflanze 35
T-DNA: Das Tumor-induzierende Prinzip ist DNA 37
Genetische Manipulation durch Bakterien und Menschen 38
Bedeutung der Gen-Technologie 41

Literatur 43
Abbildungen 45

Diskussionsbeiträge
Professor Dr. agr. *Hermann Kick;* Professor Dr. phil. nat. *Jozef Schell,* Professor Dr. med. *Benno Hess;* Sir *Hans Adolf Krebs*, M.D., M.A.; Professor Dr. rer. nat. *Klaus Heckmann;* Professor Dr. rer. nat. *Karl Müller* 49

On asking the right kind of question in biological research*

by *Hans Adolf Krebs*, Oxford

Introduction

As all scientific research begins with a question it is of prime importance to the progress of science that the researcher learns to formulate the right kind of question. This has often been stated, for example by Claude Bernard [1] in 1865 in his Introduction to the study of experimental medicine, and more recently by Lehninger [2] in the introductory chapter of his textbook of biochemistry. Generally speaking, it is one of the characteristics of a 'right' question that relevant answers can be found on the basis of existing or newly-developed methodologies. Of questions there are myriads, but questions that can be solved and that are worth while solving are much less plentiful. As Peter Medawar [3] has put it, 'Research is the art of the soluble', paraphrasing Bismarck [4], who said 'Politics is the art of the possible'.

The nature of a 'right' question varies from subject to subject, and it also varies with the progress of knowledge. A question which was appropriate fifty years ago – or perhaps one year ago – may no longer be appropriate today.

The special quality of questions in biological research

My concern here is limited to questions in biology, that is questions which have to do with life, because biochemistry is primarily biology rather than chemistry. Biological questions have a special quality which is related to the wholeness of living organisms – to the fact that all characteristics, all properties and all processes in a living organism make up one harmonious functional unit.

---

* This paper is based on a contribution to 'Molecular Mechanisms of Biological Recognition' editor Miriam Balaban, Elsevier, Amsterdam 1979, pages 27–40.

Since Lamarck, Darwin and Wallace, biologists have known that living organisms have evolved, but only during the present century has it been properly recognised that the concept of evolution pervades every branch of biology, including biochemistry and biophysics. To quote Dobjansky [5], 'In biology, nothing makes sense except in the light of evolution'. This implies that the questions we ask in biological subjects must take note of evolutionary principles. One of these principles is the rule that non-functional characters do not survive in the course of evolution. This means that every property of living matter is likely to play a useful role in the life of the organism, contributing to its survival. This, of course, is a rule and not a law. A law has no exceptions but a rule may have exceptions. I propose to discuss the argument, which I shall illustrate with examples, that in the past many investigators, including myself, have sometimes failed, either in the design of their experiments or in the interpretation of their results, to consider sufficiently the evolutionary principles regarding biological function, and therefore have missed a great deal.

Failures in asking the right questions

The first set of examples relates to the discovery of the tricarboxylic acid cycle. Two other laboratories (apart from my own) came very close to that discovery. They made significant new observations but failed to interpret them satisfactorily.

The first of these teams was led by Szent-Györgyi [6] and made the important discovery that the oxygen consumption of pigeon breast muscle suspensions is catalytically increased by fumarate and related dicarboxylic acids. Experimentally, the catalytic nature of the effect of fumarate meant that the extra oxygen consumption observed on the addition of fumarate was very much greater than could be accounted for by the complete oxidation of fumarate.

Szent-Györgyi's interpretation of this catalytic effect, however, though plausible at the time, proved to be inadequate. It was based on his discovery that oxaloacetate is very readily reduced to malate, even in the presence of oxygen, and he suggested that the malate-oxaloacetate system might act as one of the hydrogen carriers between the fuel of respiration and molecular oxygen; oxaloacetate was taken to receive hydrogen from foodstuffs to form malate, and malate was taken to pass hydrogen into another carrier (Figure 1).

One has to remember that at that time, 1935, information on the electron transport from substrate to oxygen was very incomplete. It was known that several 'carriers' – cytochromes, flavoproteins and pyridine nucleotides –

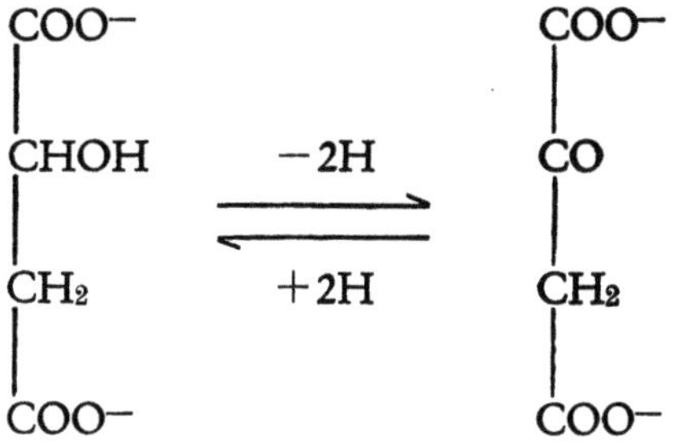

Figure 1

$$\text{malate} \quad \underset{+2H}{\overset{-2H}{\rightleftharpoons}} \quad \text{oxaloacetate}$$

$$\begin{array}{c} \text{COO}^- \\ | \\ \text{CHOH} \\ | \\ \text{CH}_2 \\ | \\ \text{COO}^- \end{array} \quad \underset{+2H}{\overset{-2H}{\rightleftharpoons}} \quad \begin{array}{c} \text{COO}^- \\ | \\ \text{CO} \\ | \\ \text{CH}_2 \\ | \\ \text{COO}^- \end{array}$$

play a role in electron transport, but the concept of a 'respiratory chain' had not then been formulated. It was only when Eric Ball [7] in 1939 measured the redox potentials of the different hydrogen carrier systems that it became possible to state an order in which the hydrogen carriers might be arranged.

Szent-Györgyi thought that the reversible malate-oxaloacetate reaction was just another hydrogen transporting system. He was not unduly worried that his concept failed to offer an adequate explanation for the inhibitory effect of malonate on the catalytic action of fumarate, and on cell respiration as a whole, malonate being a specific inhibitor of succinic dehydrogenase. Szent-Györgyi did not probe deeply into the nature of the malonate effect. On account of the specificity of the inhibition of succinic dehydrogenase, the malonate effect indicated a key role of succinic dehydrogenase in cell respiration. Because Szent-Györgyi's interest was focussed on hydrogen transport, and because he was not much interested in intermediary metabolism, it did not occur to him that fumarate, malate and oxaloacetate might act as intermediates in the oxidation of foodstuffs.

Today it is clear that the main function of the dicarboxylic acids in biological materials is their role as intermediates in the tricarboxylic acid cycle, and that the malonate inhibition is explained by the role of succinate as an intermediate product. Nevertheless, there was a grain of truth in Szent-Györgyi's belief that malate and oxaloacetate *can* function as hydrogen carriers, though not in the sense he had visualised. In the 1960s it became clear that malate and oxaloacetate are concerned with hydrogen transport between mitochondria and cytosol in some tissues [8, 9].

When pyruvate, alanine, serine or aspartate are converted to glucose, two hydrogen atoms are needed in the cytosol in the form of $NADH_2$ to reduce phosphoglycerate to glyceraldehyde phosphate. This $NADH_2$ is produced in the mitochondria by various dehydrogenations but $NADH_2$ cannot be

Mitochondria

Substrate + NAD → dehydrogenated substrate + $NADH_2$
$NADH_2$ + oxaloacetate → NAD + malate

Cytosol

Malate + NAD → oxaloacetate + $NADH_2$
3-Phosphoglycerate + $NADH_2$ → glyceraldehyde-P + NAD

Balance

Substrate → dehydrogenated substrate
3-Phosphoglycerate → glyceraldehyde-P

Fig. 2: Malate-oxaloacetate as hydrogen carrier between mitochondria and cytosol

transported as such into the cytosol. So the hydrogen atoms of $NADH_2$ react with oxaloacetate to form malate. The malate then enters the cytosol where the two hydrogen atoms are transferred to give NAD by malate dehydrogenase. This is illustrated by Fig. 2.

This account shows that one must not too readily accept *one* plausible explanation when faced with an experimental finding which does not completely fit a working hypothesis. One must always bear in mind that cell constituents might have several functions – a point to which I shall refer again later.

Two other workers who might have discovered the tricarboxylic acid cycle, had they asked the right questions, were Martius and Knoop [10]. They had discovered the pathway of degradation of citrate, showing that aconitate and isocitrate were intermediates and that the dehydrogenation occurred at the stage of isocitrate leading to α-oxoglutarate. They were also aware that citrates can be formed non-enzymically when oxaloacetate and pyruvate are mixed with hydrogen peroxide in the test-tube in alkaline solution. One may well ask why Martius and Knoop did not arrive at the concept of the tricarboxylic acid cycle when they had so much relevant information at their disposal. Why had it not occurred to them that the reactions which they had discovered and studied might be components of the main energy-yielding process in living matter? In this case I believe it was a matter of scientific outlook which determined the formulation of the question. Influenced by his teacher (Fritz Arndt), Martius regarded himself at that time as a 'theoretical organic chemist', interested in reaction mechanisms. The oxidative degradation of citrate was for him a chemical, not a biological, problem. He was therefore satisfied when he had clarified, with great ingenuity, the pathway leading from citrate to oxoglutarate. He did not concern himself deeply with the question of the physiological role of the pathway and therefore he did not explore the quantitative aspects of the activities of the enzymes of the pathway and the occurrence of the enzymes in tissues other than liver. He studied the degradation of citrate only in an acetone powder of liver. As far as the function of the enzymes in liver was concerned he was satisfied with the idea that citrate is a food constituent which can be burned in the body and that the liver, as the general chemical laboratory of the body, is expected to be equipped with enzymes that degrade foodstuffs. Therefore he did not ask the question whether, and at what rate, citrate is degraded in other tissues. Without the answers to this question, it was impossible to conceive of the tricarboxylic acid cycle.

Another example of failing to ask the right questions concerns the discovery of the ornithine cycle of urea synthesis [11]. When I started to work in this field in 1931 it had already been known for over two decades [12] that the activity of arginase is exceptionally high in the liver of those species that excrete urea as the main nitrogenous end-product of metabolism – the ureotelic organisms. It is up to 100 times higher than in uricotelic organisms where uric acid is the main nitrogenous end-product, but it had not occurred to anybody to correlate the high arginase activity with urea synthesis.

After I had sent my paper on the ornithine cycle to F. Knoop, the editor of the Zeitschrift für Physiologische Chemie, he commented in a letter to me that he must blame himself for not having thought of a connection between high arginase activity and urea synthesis from ammonia; he should have worked out a link a long time ago. I myself appreciated the connection only after I had discovered the catalytic effect of ornithine on urea synthesis and after I had asked myself, 'How can ornithine act as a catalyst?'. Obviously ornithine, with CO_2 and ammonia, must form an intermediate which readily regenerates ornithine and forms urea. Arginine fulfilled these conditions. Nowadays it may seem puzzling that previous authors had never asked themselves whether there might be a link between arginase activity and urea synthesis. The reason is that people did not think sufficiently in terms of evolution. They did not appreciate that, in the light of evolution, hepatic arginase was 'an enzyme in search of a function'.

A further example of not asking the right kind of question is provided by the history of the relatively high concentrations (4–5 mM) of 2,3-diphosphoglycerate in mammalian erythrocytes. This compound has been known, since 1949 [13], to be an intermediate in glycolysis, and at low concentrations it occurs in all glycolysing tissues. But long before this was established, Greenwald [14] had, in 1925, isolated relatively large amounts of 2,3-diphosphoglycerate from pig erythrocytes. It was not until 1966 that the significance of the abundant occurrence of this substance in red cells was established by Benesch and Model [15], who realised that the concentration of diphosphoglycerate was almost equimolar with the amounts of haemoglobin. This suggested that the two substances may combine; Benesch and Model then discovered that the affinity of oxygen for haemoglobin is regulated by diphosphoglycerate which implies a binding of this substance by haemoglobin.

Earlier workers, not fully appreciating the importance of evolution in biochemical thinking, accepted the occurrence of a substance in biological materials as 'one of those things' which cannot be explained. This prevented them from asking questions about the biological function of the phenomenon.

I will now refer to some of my own failures in asking the right questions. When, in 1935, I found that the kidney of some mammalian species synthesises glutamine from glutamate and ammonia [16], I neglected to ask whether this had anything to do with the kidney's main function, the excretion of urine. One reason for not asking this question was the finding that brain cortex, retina and liver also synthesise glutamine. The connection with urine formation became evident only when van Slyke [17], some eight years later, discovered that glutamine is the main source of urinary ammonia in acidosis. This work of van Slyke, and the fact that the kidney can store up to 2 mM glutamine, made it clear that the synthesis of glutamine is related to the regulation of the acid-base balance. The ammonia derived from glutamine neutralises acids discharged into the urine and thus spares sodium or potassium.

I had not learnt my lesson even by 1960. When we found in the early 1960s the high capacity of the kidney to synthesise glucose from breakdown products of glutamate [18], I again failed to recognise that this renal property might be connected with the excretory function of the kidney. Then in 1966 Cahill [19] showed that the capacity for gluconeogenesis of the kidney increases under conditions of acidosis when urine needs ammonia. This led to a proper appreciation of the significance of gluconeogenesis in the kidney: it represents a mechanism whereby the carbon skeleton of glutamine, after the release of the two nitrogen atoms as ammonia, is recovered in the form of glucose when the kidney is not in need of the carbon skeleton as a fuel. Renal gluconeogenesis should thus be looked upon as a salvage process – at least in part. – Thus I failed to ask the right questions when I found the occurrence of glutamine synthesis and gluconeogenesis from glutamine in the kidney and it remained for others to establish the physiological significance of gluconeogenesis.

I could quote many other similar examples, but I prefer to discuss some general points.

Difficulties in finding answers to proper questions

By no means every effort to find a function for a chemical substance or a chemical reaction in living organisms has proved successful. An example from my own experience is the occurrence of D-amino acid oxidase at relatively high activity in kidney and liver, which I found in 1935 [20]. Compared with other oxidising enzymes, the capacity of this oxidase is exceedingly high although D-amino acids are virtually absent from animal tissues and from the food which higher organisms ingest. Traces of D-amino acids occur in microorganisms, especially in antibiotics and cell membranes, but the activity of the D-amino acid oxidase is out of all proportion to the occurrence of D-amino acids. Many hundreds of papers have been published on this enzyme but I still have not given up hope that one day its function will be discovered. After all in many cases it has taken a long time to establish the physiological significance of a phenomenon. Thus the presence of creatine in muscle was reported by Chévreul in 1835 [21], but it took 95 years before its function was elucidated. In 1928, Fiske and Subbarow [22] and Eggleton and Eggleton [23] discovered creatine phosphate – the precursor of creatine – and thereby paved the way for establishing its function. It took such a long time because phosphocreatine is relatively unstable and the older methodology was incapable of detecting it.

The main function of the thymus gland was obscure for centuries until about 1960, when Miller discovered its role in immune reactions [24]. Likewise the function of the pineal gland was obscure twenty years ago. Now its endocrine functions are well established [25].

The function of alkaloids and other 'secondary metabolites' in plants is still a matter for speculation [26, 27, 28, 29], and so, perhaps, is the existence of the appendix of the intestinal tract.

A striking example of the difficulty of finding the functions of body constituents is the story of vitamin K. This was discovered in 1929 by Henrik Dam [30, 31] who found that a deficiency of this vitamin caused haemorrhages in chicks, and he established that it is essential for blood coagulation. He also found that no prothrombin is formed unless vitamin K is present.

As the vitamin is a napthequinone, reducible to a hydroquinone, Martius [32] suggested in the 1950s that vitamin K may be a mitochondrial hydrogen carrier in the respiratory chain. It turned out that this idea contained a grain of truth: the reducibility of the quinone to the hydroquinone is of importance, but not within the respiratory chain. The breakthrough occurred as late as 1974 when Stenflo [33] in Malmö and, independently,

Magnusson [34] in Århus, discovered that vitamin K is a part of a membrane-bound carboxylase essential for the carboxylation of protein-bound glutamate in certain proteins of which prothrombin is one. The result of the carboxylation is a formation of γ-carboxyglutamate. This new amino acid is thought to play a role in calcium binding. Thus the site of action of vitamin K has been identified but the mechanism of action is still uncertain [28].

The case of vitamin C is analogous. We know a few of its functions – for example, its importance in hydroxylations of the proline in collagen and in the formation of homogentisic acid from phenylalanine, but we do not know other functions which have to be postulated to account for the presence of the vitamin in plant material and in animal tissues where the hydroxylations just mentioned do not occur.

Vestigial remnants and evolutionary accidents

When efforts to explain a biological phenomenon have failed, some biologists have been satisfied with the idea that it may be a vestigial remnant not yet discarded in the course of evolution. As the history of scientific progress has shown, this is not a useful working hypothesis; it has often been proved wrong.

However, since evolution is a matter of chance mutation it is to be expected that non-functional characters sometimes arise which, if not lethal, are bound to survive at least for a time. They may be entirely harmless in that they do not interfere with cell activities. This may be especially true for non-functional isoenzymes: because of their minute quantities they are not space-consuming. Chapman and Maren [35] have recently reported an example which supports this concept. They describe unsuccessful attempts to establish a function for an isoenzyme of carbonic anhydrase in human erythrocytes. The kinetic characteristics of this enzyme make it ineffective as a carbonic anhydrase *in vivo*; it is entirely inhibited by physiological concentrations of Cl^-. Attempts to find reactions other than that of the hydration of CO_2 which the enzyme might catalyse were also unsuccessful. A number of reactions involving hydration, dehydration, decarboxylation or hydrolysis with different substrates all gave negative results. There have been other cases where attempts to explain the special function of isoenzymes have met with difficulties. It may be that isoenzymes have no function, but have arisen by chance mutation.

Timeliness

The examples I have given also make it evident that even when a question can be clearly formulated, the time might not yet be ripe for answering it because of the lack of suitable methods or because of insufficient background information. Collateral research may, in the course of time, provide this information. For example, the question which presented itself in 1937 of how citrate is formed when oxaloacetate and pyruvate are added to tissue preparations could be answered only after the discoveries of coenzyme A and acetylcoenzyme A fourteen years later.

Multiple functions

One of the difficulties which confronts the biologist who seeks the biological function of a phenomenon is that he may be satisfied with an answer which, although correct, does not represent the *whole* answer. He may have established *one* function, but it is very common for living organisms to make multiple use of a specific substance or a specific mechanism.

Thus amino acids are not only constituents of protein, but also of low-molecular peptides with specific functions, such as glutathione and the hormones of the hypothalamus and of the gastrointestinal tract. In addition, there are carrier functions of amino acids, like that of ornithine in urea synthesis. Amino acids may also act as transmitter substances in the nervous system, and in plants they act as nitrogen stores in the form of asparagine, glutamine or citrulline.

Adenine nucleotides are not only of importance in the storage and transformation of energy but also as constituents of RNA, DNA, coenzyme A, nicotinamide adenine nucleotides and flavo adenine nucleotides.

Glutamine, apart from being a protein constituent, as already mentioned, is an immediate precursor of urinary ammonia and thus plays a role in the regulation of the acid-base balance. It is also a precursor in the synthesis of the purine ring. Aspartate likewise plays a role in purine synthesis.

These are but a few examples of multiple function in biological substances. It appears to be a general principle of biochemical evolution that once a potential has evolved, multiple use can be made of it.

How to arrive at the right kind of question

Let me now consider the basis on which a research worker may arrive at the right kind of question in biology. Obviously a general prerequisite is a good grounding in biology, and this means an understanding of how living cells work. Nowadays chemists and physicists are attracted to research on biological material but their approach is not necessarily that of a biologist. If those who have been trained primarily in physics and chemistry wish to make contributions to biology, then they should be encouraged to devote time to the study of biological principles and to make themselves familiar with the natural history of living organisms. Without a good grounding in biology, chemists and physicists run the risk of asking questions of limited interest to the study of life.

I am aware that there have been chemists and physicists who have become outstandingly successful in biology. One whose name comes immediately to mind is Max Delbrück. He abandoned a productive post-doctoral career in theoretical physics to turn to biology, and his career culminated in a Nobel Prize for Medicine or Physiology. He was once asked, so I am told, why he had changed. He replied, "Because I thought that biology is too difficult for biologists". It is quite true that biologists need, and have always needed, chemistry and physics and they have therefore studied these subjects. Delbrück's remark, incidentally, has to be taken in the perspective of the tremendous advances of quantum physics which were made in the 1920s and 1930s and which opened up the prospect of reducing chemistry to physics. This gave young physicists the feeling that they could solve almost any problem.

Another prerequisite of asking relevant questions is an imaginative mind. This is also essential for devising new research methods.

The origins of imaginative thinking are a mystery about which much has been written [36, 37]. A capacity for hard thinking and for keeping at it consistently is one component of imaginative creativity. Many scientists find that new ideas have come unexpectedly after problems have been simmering in their minds for a long time, or while talking about them to colleagues, or while listening to lectures related to the subject matter, or while lying awake in bed, or while doing routine jobs in the laboratory, at home or in the garden, or while reading around the subject. On the other hand, some very intelligent people never have creative ideas and remain essentially sterile in scientific research, though they may be creative in other areas.

Can scientific creativity be instilled or taught? Probably not, though it can be guided to fruitfulness by good teachers. There seems to be a major inborn element. I say this because in academic life we frequently see 'brilliant' students who absorb knowledge readily, who fully understand complex subjects and who review material critically and with competence. Thus they appear to be very promising, and they may well be very successful in professions which do not demand the kind of creativity needed for scientific research. But in science they remain sterile as original investigators. This is analogous to the difference between, on the one hand, the brilliant actor, critic or practising musician and, on the other hand, the brilliant writer or composer; or between a good engineer and a good inventor.

Assessment of research potential in scientists

Whether an aspiring research worker possesses the personality make-up of a successful researcher is difficult to assess – difficult for himself and for others. I was not sure about myself, nor was my teacher Otto Warburg, until I reached my 31st year – even though I had published 20-odd papers by that time. Usually, I suppose, the assessment can be made somewhat earlier. But a sound guess must be based on actual achievement. So I suggest that, at around the age of 30, people who are interested in researching should survey their achievements and invite criticisms and assessments from others before they commit themselves *full-time* to a career which, if not successful, can lead to disappointment and frustration. In a university, where research is not the only professional obligation, concentration on teaching and administration can provide fulfilment. Frustration can also be avoided by becoming a member of a team led imaginatively.

Wrong questions

Not every question is worth answering. Some fifty years ago (when I started research) many researchers believed that every new observation on biological material was worth publishing; or that every chemical which could be synthesised was worth synthesising. Such beliefs are no longer valid. The methods of investigation have expanded so enormously that we must be selective in our choice of research problem. Thus in biochemistry it would be easy to do a lot of 'analogy' work, that is, repeating on yet another species what has already been thoroughly investigated on many species. Comparative biochemistry is of course an important subject, but this does not mean that every comparison of species is worthwhile. Analogy work is chosen by those who lack the imagination to work out new lines of investigation.

What prompts me to offer this comment is the fact that the main biochemical journals now have a rejection rate of 40–50%. There are, of course, many reasons why a paper may be rejected, but a major one among them is that what is offered is 'analogy work'. Obviously, the authors have not asked themselves a worthwhile question. When reading biological journals and especially when, as an editor, assessing papers which have been submitted for publication, one is sometimes puzzled as to why the work was undertaken, and why the author believed it to be relevant to biology.

In 1945, Paul Weiss remarked [38], "The primary aim of research must not just be more facts and more facts, but more facts of strategic value". By strategic value he meant that an observation or an experiment should lead to the clarification of a problem, give deeper insight into a phenomenon, or link together previously unrelated facts or ideas. Goethe expressed the same idea much earlier [39]: "Progress in research is much hindered because people concern themselves with that which is not worth knowing, and that which cannot be known".

References

[1] BERNARD, C., Introduction to the study of experimental medicine, 1965.
[2] LEHNINGER, A. L., Biochemistry, Second Edition, Worth Publishers Inc., 1975.
[3] MEDAWAR, P. B., The art of the soluble, Methuen & Co. Ltd., 1967.
[4] BISMARCK, O. v. quoted by G. BÜCHMANN, Geflügelte Worte, Auflage 1972, p. 735, Haude und Spener, Berlin.
[5] DOBJANSKY, T., Amer. Biol. Teacher *35*, 125, 1973.
[6] SZENT-GYÖRGYI, A. v., Z. Physiol. Chem. *236*, 1, 1935, and *244*, 105, 1936.
[7] BALL, E. G., Biochem. Z. *295*, 262, 1938.
[8] LARDY, H. A., PAETKAU, V. and WALTER, P., Proc. Nat. Acad. Sci., Wash. *53*, 1410, 1965.
[9] KREBS, H. A., GASCOYNE, T. and NOTTON, B. M., Biochem. J. *102*, 275, 1967.
[10] MARTIUS, C. and KNOOP, F., Z. Physiol. Chem. *246*, 1, 1937; *247*, 104, 1937 and *242*, 1, 1936.
[11] KREBS, H. A. and HENSELEIT, K., Z. Physiol. Chem. *210*, 33, 1932.
[12] KOSSEL, A. and DAKIN, H. D., Z. Physiol. Chem. *41*, 321, 1904 and *42*, 181, 1904.
[13] SUTHERLAND, E. W., POSTERNAK, T. and CORI, C. F., J. Biol. Chem. *179*, 501, 1949.
[14] GREENWALD, I., J. Biol. Chem. *63*, 339, 1928.
[15] BENESCH, R. and BENESCH, R. E., Biochem. Biophys. Res. Commun. *26*, 162, 1967; Fed. Proc. *29*, 1101, 1970; Trends in Biochem. Sci., June 1978, p. 124.
[16] KREBS, H. A., Biochem. J. *29*, 1951, 1935.
[17] VAN SLYKE, D. D., PHILLIPS, R. A., HAMILTON, P. B., ARCHIBALD, R. M., FUTCHER, P. H. and HOLLER, A., J. Biol. Chem. *150*, 481, 1943.
[18] KREBS, H. A., BENNETT, D. A. H., DE GASQUET, P., GASCOYNE, T. and YOSHIDA, T., Biochem. J. *86*, 22, 1963.
[19] GOODMAN, A. D., FUISZ, R. E. and CAHILL, G. F., I. Clin. Invest, *45*, 612, 1966.
[20] KREBS, H. A., Biochem. J. *29*, 1620, 1935.
[21] CHÉVREUL, E. C., J. prakt. Chem. *6*, 120, 1835.
[22] FISKE, C. H. and SUBBAROW, Y., Science *67*, 129, 1928.
[23] EGGLETON, P. and EGGLETON, G. P., J. Physiol. *65*, 15, 1928.
[24] MILLER, J. F. A. P., MARSHALL, A. H. E. and WHITE, R. G., Advances in Immunol. *2*, 111, 1962.
[25] WURTMAN, R. J. and MOSKOWITZ, M., New Engl. J. Med. *296*, 1329 and 1383, 1977.
[26] MOTHES, K., Österreich. Akad. Wissensch. *181*, 1, 1973.
[27] SWAIN, T., Ann. Rev. Plant Physiol. *25*, 470, 1977.
[28] LUCKNER, M., Secondary metabolites in plants and animals, Chapman and Hall, London, 1977.
[29] MANN, J., Secondary Metabolism, Clarendon/Oxford University Press, 1978.
[30] OLSON, R. E. and SUTTIE, J. W., Vitamins and Hormones *35*, 59, 1977.
[31] SUTTIE, J. W. and JACKSON, C. N., Physiol. Rev. *57*, 1, 1977.
[32] MARTIUS, C. and NITZ-LITZOW, D., Biochim. Biophys. Acta *12*, 134, 1953 and *13*, 152, 1954.
[33] STENFLO, J., J. Biol. Chem. *249*, 5527, 1974.

[34] MAGNUSSON, S., SOTTRUP-JENSEN, L., PETERSEN, T. E., MORRIS, H. R. and DELL, A., FEBS Lett. *44*, 189, 1974.
[35] CHAPMAN, S. K. and MAREN, T. H., Biochim. Biophys. Acta *527*, 272, 1978.
[36] HOLTON, G., The scientific imagination, Cambridge Univ. Press, 1978.
[37] KREBS, H. A. and SHELLEY, J. H. (ed.), The creative process in science, Proc. C. H. Boehringer Sohn Symp., May 1974, Int. Congress Series 355, Excerpta Medica/Amer. Elsevier.
[38] WEISS, P., Science *101*, 101, 1945.
[39] GOETHE, J. W. v., Maximen und Reflexionen, 1829, Deutscher Taschenbuch Verlag, p. 46, 1963.

Diskussion

Herr Feinendegen: Wir versuchen in unserer Akademie die Frage zu besprechen, wie wir die Rahmenbedingungen der Forschungsleistung verbessern können, und was man tun muß, um Fehlentwicklungen zu vermeiden.

Sie haben in Ihrem Vortrag – vor allen Dingen im zweiten Teil – anhand einzelner Beispiele aufgeführt, was wichtig ist. Sie haben die interdisziplinären Kontakte, und dabei zum Beispiel das Wissen über Biologie auch eines Physikers betont. Sie haben Einfallsreichtum hervorgehoben. Sie haben die Qualität des Forschers damit angesprochen, und Sie haben andere wesentliche Gründe aufgezeigt, die in der Persönlichkeit des Forschers liegen: seine Geduld, seinen Optimismus und seine außerordentliche Arbeitsintensität.

Wir dürfen wohl annehmen – und verzeihen Sie, wenn ich diesen Punkt anspreche –, daß mit der wirtschaftlichen Wohlstandsentwicklung eines Landes sehr häufig ein Dorfgeist der Unwilligkeit erwächst, sich voll und ganz einzusetzen, weil man sowieso soviel Sicherheit hat. Man könnte fast sagen, und das gilt sicher nicht pauschal für jeden, daß das Ausmaß der Sicherheit in einer Gesellschaft umgekehrt proportional ist der Leistungsfähigkeit.

Ich darf Sie um eine Bemerkung zu dieser Frage bitten.

Herr Krebs: Sie haben sicher Recht, daß die soziale Sicherheit die Leistungsfähigkeit auf vielen Gebieten sehr stört. Man kann wohl in den meisten westlichen Ländern – ich weiß das natürlich in erster Linie von England – einen unleistungsfähigen Arbeiter nicht leicht entlassen, selbst wenn schlecht oder langsam gearbeitet wird.

Es gibt aber Gebiete, auf denen heutzutage doch noch eine große Leistung anerkannt wird, so zum Beispiel im Sport. Wenn ein Fußballmanager nicht gewinnt, dann wird er bald entlassen. Wenn ein Spieler nicht gut genug ist, dann ist es „aus" mit ihm. Da gibt es noch eine ganz strenge Disziplin, und die Arbeitsanstrengung ist sehr groß.

Die ausübenden Künste sind ein anderes Gebiet, wo Leistung anerkannt wird. Pianisten oder Violinspieler müssen sehr viel Zeit auf das Üben verwenden. Wenn sie nicht ganz auf der Höhe bleiben, dann ist es mit ihrer Karriere als Konzertspieler aus. Es gibt wohl auf der ganzen Welt immer nur wenige Dutzend für jedes Instrument, die als Konzertspieler ausreichend verdienen. Sie können als Lehrer weiter verdienen, oder auch als Mitglied eines Orchesters. Auf anderen Gebieten der Künste wird eine Elite ebenfalls gewürdigt.

Wir müssen uns unbedingt auch für eine Elite in der Welt der Wissenschaften einsetzen, und zwar vor allem deshalb, weil die Wissenschaften nicht ein Luxus sind und nicht nur für die wirtschaftliche Entwicklung, sondern überall – ich denke an Probleme der Ethik und Erziehung – wichtig sind. Leider wird die volle Bedeutung der Wissenschaften für das Wohlergehen des Landes nicht immer genügend anerkannt. Eine Akademie sollte sich daher besonders darum bemühen, diese Idee der Wichtigkeit einer Elite immer wieder zu betonen.

Herr Steiner: Sir Krebs, so wie Sie Ihren Vortrag mit einem Goethe-Zitat beendet haben, so könnte man vielleicht auch die Diskussion über den Sachinhalt Ihres Vortrages mit einem Goethe-Zitat beginnen: „Greift nur hinein ins volle Menschenleben! Und wo ihr's packt, da ist's interessant."

Ich will nur einen solchen Griff tun und eine Frage aufgreifen, die Sie zum Schluß gestellt haben: Welche Forschungsthemen sind wirklich forschungswert?

Sie haben mit Recht darauf hingewiesen, daß es zweifellos sogenannte Analogiearbeiten gibt, die sich eigentlich nicht lohnen. So ist es verständlich, wenn etwa die Zeitschrift „Phytochemistry" keine Arbeiten aufnimmt, die über das Vorkommen wohlbekannter Flavonoide in weiteren Pflanzenarten berichten. Trotzdem ist zu überlegen, ob man im Voraus mit Sicherheit eine unnötige Analogiearbeit als solche erkennen kann.

Ein gutes Beispiel scheint mir die wichtige Entdeckung des C_4-Carbonsäurenweges der Photosynthese zu sein. Alle Untersuchungen, welche dazu geführt haben, konnten zunächst als überflüssige Analogiearbeiten angesehen werden, über die Anatomie von Laubblättern, über die Chloroplastenstruktur, über den CO_2-Kompensationspunkt, über die Intermediärprodukte des Photosyntheseprozesses.

Geben Sie mir in der Auffassung recht, daß auch scheinbare Analogiearbeiten zu sehr wichtigen Ergebnissen führen können, daß sich oft erst im Nachhinein entscheiden läßt, ob sie überflüssig waren oder nicht?

Herr Krebs: Ich gebe Ihnen völlig recht. Ich habe aus Zeitmangel die Gegensätze zu weiß und zu schwarz beschrieben, also die Gegensätze zu scharf herausgearbeitet. Ich erwähnte aber, daß die vergleichende Biochemie verwandt mit der Analogiearbeit ist, und die vergleichende Biochemie kann grundlegend sehr nützlich sein. So kann sie zum Beispiel Versuchsmaterial ans Licht bringen, das sich ganz besonders zum Studium gewisser Probleme eignet. Für viele Probleme gibt es derartige Organismen – ein Beispiel ist der Tintenfisch, dessen Axon aus rein anatomischen Gründen ganz besonders geeignet ist, Eigenschaften des Nervensystems zu untersuchen. Wir wissen, daß Meerschweinchen ganz besonders empfindlich gegen Tuberkelbazillen sind, und daß daher das Meerschweinchen ein besonders gutes Versuchsmaterial für gewisse Untersuchungen über Tuberkulose ist. Es wird heute noch zur Diagnose von Spurenmengen von Tuberkelbazillen benutzt. Wenn man ein Meerschweinchen infiziert, dann wird es krank, während eine andere Species nicht krank wird.

Im Prinzip stimme ich also mit Ihnen überein, daß Analogiearbeiten auch wertvoll sein können.

Herr Stoffel: Ich würde gerne die Frage stellen, wie weit die Aussage, eine Fragestellung sei richtig und interessant, relativierbar ist. Wie weit steht der Begriff richtig oder falsch in Kontext mit der Methodologie, die zum Zeitpunkt der Fragestellung verfügbar ist?

Wäre vor 30 Jahren jeder Gedanke an Genetic Engineering nicht als falsch, absurd oder sonst wie abgetan worden?

Diesem Problem begegnet der Gutachter von wissenschaftlichen Arbeiten und vor allem Arbeitsprogrammen und Projekten sehr häufig. Oft werden Fragen ja nur zu früh gestellt, weil sie methodisch noch nicht bearbeitet werden können, sie sind dann ja nur scheinbar unsinnig oder falsch. Wie sehen Sie das?

Herr Krebs: Es ist sicher richtig, daß gute Fragestellung und Methodologie eng zusammenhängen. Ich habe schon erwähnt, daß manchmal die Zeit noch nicht reif ist, um eine Frage zu beantworten. Zur richtigen Fragestellung gehört eben auch eine Beurteilung, ob die Frage im gegebenen Zeitpunkt lösbar ist.

Ein Beispiel: Ich habe im Zusammenhang mit dem Tri-Carbonsäure-Zyklus 1937 gezeigt, daß Brenztraubensäure und Oxalessigsäure Zitronensäure bilden. Damals haben sich viele – Martius und ich selbst – damit beschäftigt, welches die Zwischenstufen sind, ob sich die Brenztraubensäure direkt mit der Oxalessigsäure kondensiert und dann eine Decarboxylierung erfolgt.

Diese Frage konnte aber erst gelöst werden, nachdem Lipmann das Coenzym A und Lynen Acetyl-Coenzyme A entdeckt hatten. Das heißt, manche Entdeckungen können erst gemacht werden, nachdem andere Entdeckungen gemacht worden sind. In dem Sinne ist eine Frage, wenn auch berechtigt, noch nicht reif zur Beantwortung. In diesem Falle wurde die Antwort auf Umwegen erreicht, vierzehn Jahre, nachdem die Frage gestellt war.

Wie ich eingangs meines Vortrages sagte, besteht ein Wesentliches in der Kunst der lösbaren Fragen, daß man Fragen stellt, die mit Methoden, die man schaffen kann oder die schon existieren – Otto Warburg war darin ein Meister –, lösbar sind.

Herr Welte: Sie haben die Notwendigkeit von Eliten angesprochen und haben auch darauf hingewiesen, daß man solche fördern soll. Nun ist in Deutschland das Wort „Elite" in manchen politischen Kreisen etwas in Verruf geraten.

Es würde mich interessieren, wie man zum Beispiel in England über das Problem der Eliten gerade in der Hochschule und in der Ausbildung, in der Förderung des Nachwuchses usw. denkt. Ich denke jetzt an die politische oder offizielle Beurteilung dieses Problems.

Herr Krebs: Elite ist auch in England ein etwas verrufenes Wort, „weil wir heutzutage alle gleich sind".

Vor allen Dingen ist es die Politik der Labour Party, die besonders bestrebt ist, jungen Menschen gleiche Chancen zu geben. Sie glaubt – darin stimmen natürlich alle Parteien überein –, daß es richtig ist, allen Menschen gleiche Möglichkeiten zu geben. Das heißt natürlich nicht, daß wir alle gleich sind.

Was ich an der Politik der Labour Party kritisiere ist, daß sie versucht, Schulen, die aufgrund einer langen Tradition imstande sind, eine Elite hervorzubringen, zu behindern. So bekommen sie zum Beispiel keine staatlichen Unterstützungen.

Ein großer Teil der englischen Elite beruhte auf einer besonders guten Schulausbildung in den sogenannten Public Schools (die in Wirklichkeit private Schulen sind). Trotz der Bemühungen der Regierung sind diese Eliteschulen noch sehr besucht, und zwar unter großen finanziellen Opfern der Eltern. Es gibt noch sehr viele Eltern, die bereit sind, die sehr teure Ausbildung zu zahlen, im Jahr etwa 10 000 DM, wobei etwa drei Viertel des Jahres im Internat verbracht werden. Wenn der Schüler nicht im Internat wohnt, dann kostet es ungefähr 6000 DM. Es werden noch immer viele Kinder auf diese Schulen geschickt, weil die Eltern glauben, daß es für das spätere Leben entscheidend ist. Die Schüler erlangen dort nicht nur Kenntnisse, sondern ein großer Teil der Ausbildung beschäftigt sich mit der charakterlichen Entwicklung, mit der Einstellung zum Leben – einer idealistischen Einstellung.

Ein Antagonismus gegen Elite besteht also auch in England, aber die Bedingungen sind in England ganz anders wegen der langen Tradition. Obgleich viele theoretisch eine Elite nicht fördern wollen, läßt sich das in der Praxis nicht verhindern.

Herr Schwartzkopff: Gestatten Sie, daß ich unmittelbar nachhake. Das Wort „Elite" hängt ja mit eligere, auswählen, zusammen, und es ist mir nie verständlich gewesen, wie das bei dem System der Public School zustandekommt, denn die Zahl der Ausscheider aus solchen Schulen ist meines Wissens relativ gering. Es ist ja in erster Linie eine Frage der Eltern, und zwar nicht notwendig des vielen Geldes wegen, das sie haben, sondern aufgrund ihrer Opferbereitschaft. Oder sehe ich das falsch?

Herr Krebs: Natürlich entwickeln sich viele Kinder, die diese Möglichkeit haben, nicht zu einer Elite. Trotzdem haben viele, selbst wenn sie nicht besonders begabt sind, Unterschiede in der Einstellung; denn die Opferwilligkeit der Eltern zeigt sich ja nicht nur darin, daß sie viel Geld für ihre Kinder ausgeben, sondern auch in der Atmosphäre im Elternhaus. Die geistige Atmosphäre ist so, daß die Umstände, die zu einer Elite führen, besonders die idealistische Einstellung, gefördert werden. Dort beschäftigt man sich nicht nur mit Fernsehen oder Sport, sondern da wird auch diskutiert, da wird gelesen, Musik gemacht, auch andere ernsthafte Dinge betrieben, die in vielen Elternhäusern nicht existieren.

Die Bestrebungen der Schulen, eine Elite heranzubilden, führen natürlich nicht in jedem Fall zum Erfolg. Aber die Erfahrung zeigt, daß sich diejenigen, die durch die besten Schulen gegangen sind, für viele Positionen besser eignen als die, die die Gelegenheit nicht hatten.

Nun muß ich erwähnen, daß es auch viele Staatsschulen gibt, die sehr gut sind. Meine drei Kinder sind alle auf Staatsschulen gewesen, aber damals – mein Jüngster ist jetzt 34 – vor 20 Jahren, als sie im entscheidenden Schulalter waren, waren die Grammar Schools (Gymnasien) viel mehr auf Eliteausbildung eingestellt, als sie es jetzt sind. Heute sind fast alle diese Schulen in ‚comprehensive schools' (Gesamtschulen) umgewandelt. Der Erfolg dieser „Reform" ist nicht eindeutig. Manche Gesamtschulen sind sehr gut, andere schlechter als die früheren Grammar Schools.

Herr Betz: Noch eine Frage zur Elitebildung. Das Schulsystem der Public School hat sich, wie manches Schulsystem in anderen Ländern, darum bemüht, den Nachwuchs für die Offiziers- und die Verwaltungslaufbahn auszubilden. Andere Schultypen waren mehr am Priesternachwuchs orientiert.

Erwarten Sie, Sir Hans, daß eine Ausbildung, welche speziell die Elitebildung im militärischen oder im Verwaltungsbereich fördern soll, irgendeine Bedeutung hat für die Heranbildung einer Forschungselite?

Herr Krebs: Ja.

Herr Betz: Ist das wirklich zu erwarten? Muß man nicht zweifeln, wenn man bedenkt, welche Bedeutung in Deutschland einst die alte Elite des Adels in Militär und Verwaltung hatte, und welch unbedeutende Rolle sie heute in der Forschung spielt? Ich glaube nicht, daß man mit ein und demselben System Eliten für sehr verschiedene Aufgabenbereiche heranziehen kann.

Herr Krebs: Ich bin mit den deutschen Verwaltungsverhältnissen nicht gut vertraut. Ich habe vor einiger Zeit einen Ministerialrat im Ministerium des Inneren in Bonn gefragt, warum so viele Beamte der Ministerien Juristen sind. Er sagte: Es ist doch unsere Pflicht, die Gesetze auszudeuten; darum müssen wir alle Juristen sein.

In England sind die höheren Beamten in allen Ministerien nur ganz selten Juristen. Es sind Leute, die alle auf der Universität waren, aber dort etwas studierten, was mit ihrer späteren Tätigkeit direkt wenig zu tun hatte.

Die Universitätskarriere bedeutete eine Vertiefung der allgemeinen Bildung. In Oxford gibt es zum Beispiel eine Kombination von Philosophie, Lateinisch, Griechisch und Mathematik, manchmal auch Politologie und Volkswirtschaft. Das studieren sehr viele, besonders die Allerbesten. Aber nur ganz wenige von diesen werden später Philosophen oder Altklassiker. Sie gehen in das Beamtentum, in die Industrie, in das Wirtschaftsleben und in viele andere Berufe. Eine gute Allgemeinbildung ist überall von Nutzen. Das sind Leute, die vier Jahre auf der Universität bleiben und ihre allgemeine Schulbildung in bestimmten Fächern zur Vertiefung weiterverfolgt haben. Wenn sie Beamte werden, lernen sie die Verwaltungsangelegenheiten in den Ministerien oder wo sie sonst untergebracht werden. Natürlich müssen die Leute, die in den auswärtigen Dienst gehen, mehrere Sprachen gelernt haben, aber diese lernen sie nebenbei. Sie verbringen ein paar Monate in fremden Ländern.

Der Unterschied in der Ausbildung der Verwaltungselite besteht also darin, daß sie einfach vielgebildete Leute sind.

Das Hauptmerkmal der alten deutschen Militär- und höheren Beamtenelite war wohl eine bewußte Tradition der Pflichterfüllung. Letzten Endes trifft ähnliches für alle Eliten zu.

Herr Dünbier: Sir Hans, ich ersehe aus Ihrem Lebenslauf, daß Sie in diesem Jahre 79 Jahre alt werden. Wie lebt jemand seiner Forscherneigung, die den Erfolg eines ganzen Berufslebens ausgemacht hat? Haben Sie heute die Möglichkeit, noch in öffentlichen oder anderen Institutionen und mit öffentlichen Mitteln – nicht aus der eigenen Tasche – die Forschertätigkeit, die bei Ihnen so erfolgreich war, fortzusetzen?

Herr Krebs: Die Antwort ist ja, und zwar ist das so: Man muß in England mit 67 Jahren emeritiert werden, das heißt, daß man zunächst offiziell keine Möglichkeiten hat weiterzuarbeiten. Es bestehen aber im Prinzip Möglichkeiten, über die in jedem Fall individuell entschieden werden muß, weiterzuarbeiten.

Ich hatte das Glück, daß dies bei mir der Fall war. Unsere Universitäten sind in vieler Beziehung viel demokratischer als deutsche Universitäten, denn sie sind in ihrer Verwaltung ganz unabhängig vom Staat. Es gibt kein Universitätsgesetz, es gibt kein Kultusministerium. Die Universität trifft selbst alle Entscheidungen wie Berufungen und solche Dinge.

Wenn es zur Emeritierung kommt, besteht die Schwierigkeit, daß jemand eine Entscheidung treffen muß, ob man ihm weiter helfen soll. Das wäre in den Händen der Kollegen, und dies wäre peinlich, denn manchmal ist man ja froh, wenn man einen unproduktiven Kollegen los wird. Deshalb ist die Sache auch so organisiert, daß die Universität vielleicht einen Platz zur Verfügung stellt, daß aber das Geld von außen kommen muß. In meinem Fall kommt es von dem Medical Research Council (das einem Teil der Deutschen Forschungsgemeinschaft entspricht). Die Entscheidung wird also von Leuten getroffen, die in der Ferne sind, nicht von unmittelbaren Kollegen.

Der Medical Research Council hat schon seit vier Jahrzehnten meine Arbeit unterstützt; seit 1945 durch die Bildung einer ‚Unit', das heißt einer Gruppe von Mitarbeitern in Dauerstellungen, deren Hauptverpflichtung Forschung ist, obwohl sie, wenn sie in einer Universität sind, auch unterrichten. Die Unit als solche wurde bei meiner Emeritierung aufgelöst, aber einige aus der Gruppe sind noch heute meine Mitarbeiter. Drei von diesen sind seit 39, bzw. 27 bzw. 20 Jahren mit mir assoziiert. Wir bilden ein ideales Team. Darum ist es mir trotz meines Alters möglich weiterzuarbeiten, denn ich brauche die Kritik und die Hilfe meiner Mitarbeiter. Die größte Gefahr ist ja, daß man nicht genügend kritisiert wird. Wir verstehen uns so gut, daß wir uns nie scheuen, freie Kritik zu üben.

Herr Steiner: Mit meiner folgenden Bemerkung möchte ich versuchen, die Bedeutung der Eliten für die wissenschaftliche Forschung etwas zu relativieren.

Könnte man nicht Amerika als Gegenbeispiel zu den für England beschriebenen Verhältnissen ansehen? Natürlich gibt es auch in den USA Eliten, wie etwa die alteingesessenen Familien Neu-Englands. Wenn man aber etwa die bekannten amerikanischen Biochemiker durchgeht, findet man sehr häufig südeuropäische, slawische oder chinesische Namen. Ihre Träger stammen also aus Einwandererschichten, die sicher nicht zur „Elite" gehörten. Sie haben sich durch Tüchtigkeit und Fleiß emporgearbeitet.

Herr Krebs: Sie haben sicher recht, aber ich glaube, daß sie deshalb aus einfachen Kreisen hinaufgekommen sind, weil eben schon eine Elite als Vorbild existierte. Es gehört nicht nur dazu, daß man auf einer guten Schule, einem guten College gewesen ist: ein großer Teil der Elite – das wollte ich klarmachen – hatte die Hilfe der Bemühungen der Eltern.

Es ist in England für jeden, der akademisch qualifiziert ist, möglich, auf eine Universität zu gehen. Es gibt nicht nur keine Gebühren, sondern jeder, der qualifiziert ist, bekommt ein Stipendium, das für den Lebensunterhalt ausreicht. Aber manchen hochbegabten Menschen, die aus einfachen Kreisen kommen, fehlt doch oft die idealistische Einstellung. Wir erleben es zu unserer Enttäuschung immer wieder, wenn wir erfolgreiche Studenten fragen, was sie beruflich machen wollten, wenn sie ihr Examen bestanden hätten, ob sie sich für Forschung interessieren. Sehr oft bekommen wir die Antwort, daß in der Forschung zu wenig bezahlt werde; sie wollen so schnell wie möglich soviel Geld wie möglich verdienen. Das gibt es leider nicht sehr selten. In vielen Fällen haben sie diese Einstellung in ihrem Elternhaus gelernt, wo es sehr darauf ankam, daß am Freitag, wenn der Wochenlohn gezahlt war, der Vater sagt: Diese Woche habe ich so und so viel verdient. Das steckt so tief in der Erinnerung, daß auch die Kinder damit renommieren wollen, daß sie gut verdienen.

Aber es gibt auch viele andere, und ich glaube, daß diese anderen durch die Existenz einer Elite stimuliert werden, eine idealistische und weniger materialistische Einstellung zu entwickeln.

Herr Hess: Ich würde gern noch einmal hören, was Sie über die Frage der Forschungslenkung durch Medical Research Council oder durch die Royal Society denken.

Die Elite, so wie sie formuliert wird, stellt sich ja die Fragestellung selbst und wird dann auf irgendeine Weise ihre finanzielle Unterstützung von irgendwelchen wallets erhalten. Es gibt aber heute mehr und mehr die Initiativen irgendwelcher Forschungsgremien, meistens staatlicher Natur, die versuchen, bestimmte Fragestellungen zu aktivieren und junge oder andere Forscher in diese Richtung zu lenken. Das beeinflußt natürlich in ganz bestimmter Weise die Richtung der Forschung und könnte für die Initiative einzelner kleiner Arbeitsgruppen tödlich sein.

Herr Krebs: In England läßt man einerseits dem Wissenschaftler vollkommene Freiheit in der Wahl des Forschungsgebiets, andererseits machen gewisse Ministerien, zum Beispiel das Gesundheitsministerium, das Energieministerium, auch die Research Councils, aufgrund eingehender Beratungen Vorschläge, welches Gebiet besonders unterstützt werden soll.

Ich glaube, daß diejenigen, die gezeigt haben, daß sie erfolgreich forschen können, am besten wissen, was man machen kann und soll; daß sie die Besten sind, die richtigen Fragen zu stellen. Das kann kein Gremium, kein Minister, kein Beamter besser machen. Die Pionierarbeit, die Entwicklung neuer Forschungsrichtungen wird in England der Initiative und dem Urteil des erfahrenen Forschers überlassen. Das schließt aber nicht aus, daß die Initiative für gewisse Forschungsgebiete von Regierungsstellen und den Research Councils (deren Mitglieder nicht Beamte, sondern Wissenschaftler sind) ausgeht.

Herr Schreyer: Sie hatten in einer Ihrer früheren Antworten eine interessante Bemerkung gemacht die ich aufgreifen möchte, weil sie mir für erfolgreiche Forschung sehr wichtig erscheint. Es geht um die Bildung und Erhaltung eines Teams, um das englische Wort zu gebrauchen. Sie sagten, Sie hätten ein Team aus Sheffield nach Oxford mitgebracht, mit dem Sie noch heute, also nach ungefähr vierzig Jahren, zusammenarbeiten.

Ich würde gern die etwas naseweise Frage stellen, ob dies auf Kosten, sagen wir, der wirtschaftlichen Verhältnisse aller teammembers gegangen ist.

Ich stelle die Frage deswegen, weil das deutsche Universitätssystem die Erhaltung eines Teams im allgemeinen nicht vorsieht, weil ein jüngerer Mitarbeiter am Ort der Universität kaum aufsteigen kann. Er müßte bestenfalls sein Leben lang in einer Assistentenstelle bleiben und könnte den Titel „apl. Professor" bekommen.

Mir ist selbst passiert, daß ein sehr erfolgreiches Team auseinandergerissen worden ist, weil die Universität nicht in der Lage war, ein oder zwei Leute des Teams zu halten. Wie steht die Universität in England dazu? Ich weiß, daß es in Amerika möglich ist, junge Leute aus den eigenen Reihen tatsächlich auch am Ort zum Full-Professor zu machen.

Herr Krebs: Es gibt verschiedene Arten von Teams. In manchen Teams arbeiten alle an einem großen Problem. Mein Team war und ist nicht dieser Art. Wir haben nicht immer direkt, sondern nur manchmal am selben Problem zusammengearbeitet, wenn es gerade paßte. Jedes ältere Mitglied entwickelte seine eigenen Ideen und hat diese verfolgt. Die Teamarbeit bestand nur darin, daß wir uns gegenseitig geholfen haben, und nicht in dem Sinne, daß ich etwa alles persönlich geleitet hätte. Die älteren Mitglieder waren nicht

Assistenten im üblichen Sinn. Ihr Titel ist „Medical Research Council Staff", und die Gehälter sind ausreichend für einen angemessenen Lebensstandard.

Ich muß ferner klarmachen, daß die Zusammensetzung des Teams nicht konstant war. Es hat mich immer besonders befriedigt, daß Mitarbeiter sehr verschiedene Karrieren entwickelt haben. Mehrere sind Professoren der Biochemie, andere sind Internisten, Mikrobiologen, Physiologen, Klinische Biochemiker, einer ist ein Anästhesiologe, wieder ein anderer ist Zoologe, einer ist Klinischer Pharmakologe. Das hängt damit zusammen, daß für alle diese Fächer Biochemie grundlegend ist.

Dann habe ich noch einen „Rekord". Der Mann, mit dem ich den Zitronensäure-Zyklus entdeckt habe – W. A. Johnson –, ging in die Industrie und ist jetzt Leiter einer Schildkrötenfarm auf einer Insel in Westindien. Diese Schildkrötenfarm ist die einzige in der Welt.

Ist dies eine Antwort auf Ihre Frage?

Herr Schreyer: Ja, teilweise, aber ich habe dem auch entnommen, daß sich das Team in alle Winde zerstreut hat.

Herr Krebs: Nicht nur in alle Winde zerstreut. Es hat sich dauernd verjüngt. Manche sind Vollprofessoren anderswo. Andere haben es vorgezogen, bis heute bei mir zu bleiben.

Herr Schreyer: Vielleicht müßte ich dann doch noch ganz konkret fragen. Sind die Mitglieder des Teams, daß Sie aus Sheffield mitgebracht haben und das jetzt noch in Oxford ist, in Stellungen, die gegenüber ihrer früheren Stellung höher sind?

Herr Krebs: Ja. Die Gehälter der Besten entsprechen den Professorengehältern. Angebote von auswärtigen Stellen haben sie abgelehnt. Es ist heutzutage nicht mehr das einzige Ziel eines Akademikers, Ordinarius zu werden. Es gibt Menschen, für die eine Stellung viel befriedigender ist, in der sie genau das tun können, was sie wollen, wo sie nicht mit Verwaltung überlastet sind.

Neue Aussichten für die Pflanzenzüchtung: Gen-Übertragung mit dem Ti-Plasmid

von *Jozef Schell*, Köln

Die vorliegende deutsche Fassung des ursprünglich englischen Vortrages von Professor Schell wurde von Privatdozent Dr. Joachim Schröder, Köln, bearbeitet. Ein Teil des Manuskriptes wird in der Zeitschrift ‚Chemie in unserer Zeit' von Dr. Schröder veröffentlicht.

Konventionelle und unkonventionelle Methoden der Pflanzenzüchtung

Als der Mensch vor etwa 10 000 Jahren mit Ackerbau begann, entdeckte er bald, daß bestimmte Pflanzen höhere Erträge lieferten als andere. Dies war die Grundlage für eine erste Selektion besserer Nutzpflanzen durch Auswahl des Saatgutes von den besten Pflanzen. Viel später erst begann man mit der bewußten Kreuzung, um erwünschte Merkmale von verschiedenen Pflanzen zu vereinen. *Dies ist der Weg, den die Natur bei der Entwicklung neuer Rassen und Arten benutzt, und deshalb wird er als konventionell bezeichnet.*

Der Austausch genetischer Information durch sexuelle Kreuzung ist jedoch begrenzt, denn nur eng verwandte Arten können erfolgreich gekreuzt werden. Tatsächlich existieren strenge Barrieren, die einen beliebigen Gen-Austausch zwischen nicht verwandten Organismen verhindern. Offensichtlich gab es in der Evolution einen starken Selektionsdruck für eine Abschirmung funktionierender Genome gegen einen ungehemmten Gen-Austausch mit anderen Organismen. Der komplexe Mechanismus der sexuellen Vermehrung ist der einzige Weg, bei dem genetische Eigenschaften ausgetauscht und neu kombiniert werden können.

In neuerer Zeit versucht man, diese Schranken zu umgehen, um die Möglichkeiten der Pflanzenzüchtung zu erweitern. Eine wichtige Entwicklung ist die somatische Hybridisierung von Zellen. Dabei werden einzelne Zellen verschiedener Art miteinander verschmolzen, um das Erbgut beider Zelltypen zu vereinigen. Die fusionierten Zellen können in einigen Fällen zu ganzen Pflanzen regeneriert werden, die dann Merkmale von beiden Ursprungs-Pflanzen tragen. Auch dies gelingt jedoch nur, wenn das Erbgut der Pflanzen verträglich ist, und man kann nicht ohne weiteres vorhersagen, welche Merkmalskombinationen die neuen Pflanzen zeigen werden. *Da solche direkten Zellverschmelzungen in der Natur wahrscheinlich nicht vorkommen, wird diese Methode der Züchtung häufig als unkonventionell bezeichnet.*

Ein weiterführender, logischer Schritt in dieser Richtung ist der Versuch, direkt die reine genetische Information für erwünschte Merkmale in die Pflanzenzelle einzuschleusen. So könnte man gezielt und kontrolliert Pflanzen mit neuen Merkmalen erzeugen und alle Barrieren vermeiden, die sonst einen beliebigen Gen-Austausch verhindern. Dies wird häufig als Gen-Technologie bezeichnet (englisch: Genetic engineering), um zu betonen, daß diese Methode der Züchtung mit der direkten Übertragung der Erbsubstanz arbeitet.

Die Entwicklung dieser Techniken in den letzten Jahren führte zu heftigen Kontroversen und zu der Furcht, daß die Produkte solcher Methoden in unvorhersehbarer Weise unser Leben gefährden könnten. Diese Ängste sind im wesentlichen der Ausdruck der zwiespältigen Einstellung des Menschen zur Natur: Einerseits versucht er auf vielfältige Art, sie für seine Zwecke zu beherrschen und auszunutzen; andererseits fürchtet er die Konsequenzen seines Tuns. Bei der Gen-Technologie kommt hinzu, daß sie vielen Menschen als unnatürlich erscheint, als etwas, das vom Menschen erfunden wurde und nicht in der Natur vorkommt. In Wirklichkeit hat man jedoch lediglich etwas entdeckt, das in der Natur bereits seit langer Zeit existiert: Einige Krankheiten bei Pflanzen sind nichts anderes als das Ergebnis einer genetischen Manipulation durch bestimmte Bakterien. Heute versucht man, dieses natürliche System auch für den Menschen nutzbar zu machen.

Bakterien-induzierte Tumorbildung in Pflanzen

Wenn Pflanzen dicht am Boden verwundet werden, können an diesen Stellen in wenigen Wochen große Wucherungen entstehen. Sie werden Wurzelhalsgallen (englisch: Crown galls) genannt (Abb. 1), weil man sie häufig am Übergang von der Wurzel zur Sproßachse findet. Diese Krankheit befällt in der Regel nur Dikotyledonen und sehr selten Monokotyledonen. Man weiß seit vielen Jahrzehnten, daß sie nur dann auftritt, wenn sich ein gram-negatives, aerob lebendes Bodenbakterium in der Wunde befindet: *Agrobacterium tumefaciens.* Es gibt andere Agrobacterien, die ähnliche Wucherungen verursachen, wie *Agrobacterium rhizogenes* und *Agrobacterium rubi,* aber die Tumore von *Agrobacterium tumefaciens* sind bei weitem am besten analysiert.

Sorgfältige Untersuchungen ergaben, daß die Bakterien nur für die Anfangsphase der Tumorbildung notwendig sind. Tötet man sie wenige Tage nach der Verwundung ab, z. B. durch Antibiotika, so wird die Tumorbildung nicht mehr dadurch rückgängig gemacht. Die Transformation der normalen Pflanzenzellen ist bereits fixiert, und man kann die Tumorzellen steril auf andere

Pflanzen übertragen, ohne daß die Fähigkeit zur ungehemmten Zellteilung verlorengeht. Nimmt man solche Zellen in Kultur, dann wachsen und vermehren sie sich auf einem Medium, welches keinerlei Pflanzenhormone enthält. Dies ist ein deutlicher Unterschied zu normalen Pflanzenzellen, die in der Regel Hormone wie Auxin und Kinetin zu Wachstum und Vermehrung benötigen. Die Tumorzellen sind also hormon-autotroph, und neuere Untersuchungen zeigen, daß sie diese Stoffe selbst in ausreichender Menge synthetisieren. Auch normale Zellen können manchmal diese Fähigkeit erlangen; sie werden dann als habituiert bezeichnet.

Der Mechanismus der Bakterien-induzierten Umwandlung in Turmorzellen entzog sich lange Zeit der Aufklärung. Zwar wurde eine große Zahl verschiedenster Substanzen verdächtigt, das *„Tumor-induzierende Prinzip"* (TIP) der Bakterien zu sein, aber in keinem Fall gelang es, diesen Verdacht hieb- und stichfest zu machen. Dann wurde entdeckt, daß die Tumorzellen bestimmte Stoffe enthalten, die ausschließlich von den Agrobacterien als Nahrung verwertet werden können. Man fand schließlich eine ganz neue Art von Parasitismus: Offensichtlich zwingen die Bakterien der Pflanzenzelle neue Gene auf, die für die Bildung der Bakterien-spezifischen Nahrung und und die ungehemmte Vermehrung der betroffenen Zellen sorgen.

Bakterien als Parasiten

Bereits vor mehr als fünfzehn Jahren wurde beschrieben, daß die von Agrobacterien induzierten Wucherungen Derivate der Aminosäure Arginin enthalten. Nach einer jahrelangen und lebhaften Kontroverse über die Synthese dieser Substanzen in normalen Zellen ist jetzt die überwiegende Mehrzahl der Forscher sicher, daß sie Tumor-spezifisch sind.

Die bekanntesten dieser Arginin-Derivate sind Octopin und Nopalin. Wie die Übersicht 1, Seite 34 zeigt, werden sie durch reduktive Kondensation von Arginin mit Pyruvat oder α-Ketoglutarat gebildet. Inzwischen weiß man, daß auch andere Aminosäuren in solche Reaktionen einbezogen werden können (vgl. Übersicht 1), und diese Liste muß wahrscheinlich in Zukunft noch erweitert werden. Diese Stoffe werden jetzt allgemein als Opine bezeichnet. Da die Suche noch nicht abgeschlossen ist, umfaßt dieser Begriff nicht nur die Mitglieder der Octopin- und Nopalin-Familie, sondern alle Substanzen, deren Synthese durch die Bakterien induziert wird, und die exklusiv von den Bakterien verwertet werden können. Tatsächlich wurde bereits eine solche Verbindung beschrieben (Agropin), die wahrscheinlich durch eine Kopplung eines Zuckers mit einer Aminosäure gebildet wird.

1. Pyruvat + Arginin → Octopin

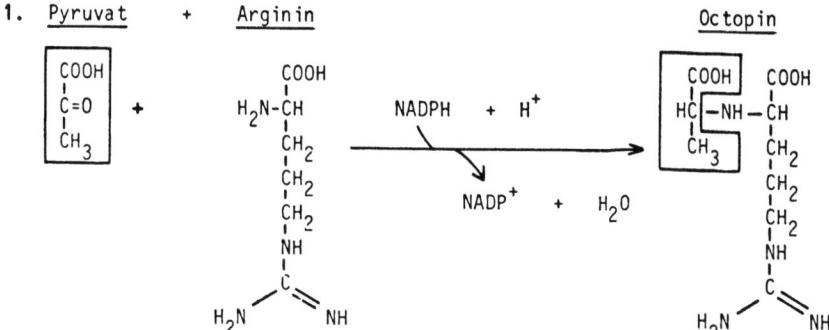

2. α-Ketoglutarat + Arginin → Nopalin

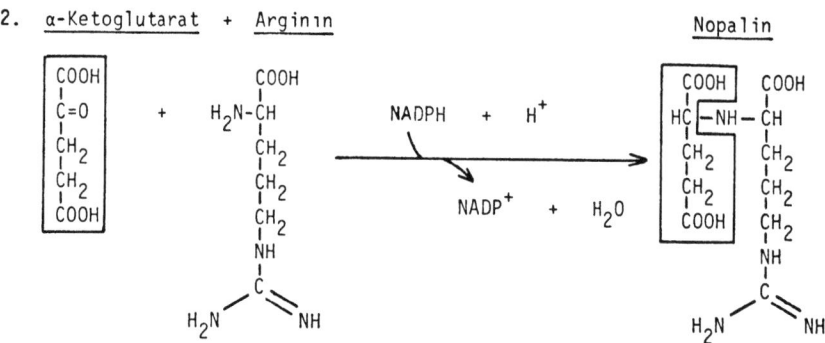

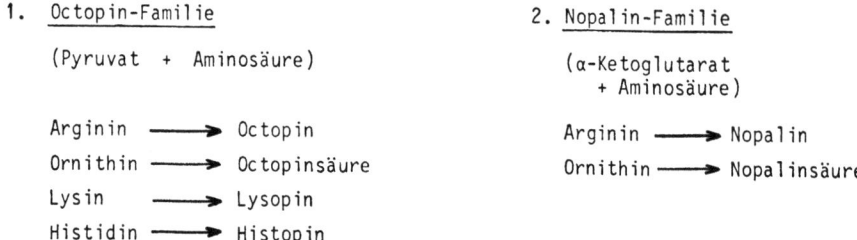

Übersicht 1: Biosynthese von Octopin und Nopalin. Die beiden Substanzen werden von verschiedenen Enzymen gebildet, die spezifisch entweder im Pyruvat oder mit α-Ketoglutarat reagieren. Die Octopin- und Nopalin-Familien entstehen dadurch, daß auch andere Aminosäuren an die Stelle von Arginin treten können. Die Tumore enthalten entweder Mitglieder der Octopin- oder der Nopalin-Familie, niemals beide gleichzeitig.

Bereits die ersten Untersuchungen brachten interessante Ergebnisse: Die Tumore bilden entweder Substanzen der Octopin- oder der Nopalin-Familie, niemals beide gleichzeitig; und nicht die Pflanzenart, sondern der Bakterienstamm bestimmte, welche Opin-Familie in den Tumorzellen synthetisiert wurde. Es mußte also zwei verschiedene Gruppen von Agrobacterien geben. Dieser Schluß wurde wenig später durch Ergebnisse gestützt, welche die Beziehung zwischen Tumor und Bakterien in ein neues Licht rückten. Es wurde nämlich entdeckt, daß die Agrobacterien, aber nicht andere Bakterien, die Opine abbauen und als einzige Quelle von Stickstoff, Kohlenstoff und Energie verwerten können. Auch hier gibt es wieder zwei Gruppen, die sich gegenseitig ausschließen: Die eine kann Octopin, aber nicht Nopalin, die andere Nopalin, aber nicht Octopin benutzen. Dabei sind Octopin-Induzierer auch gleichzeitig Octopin-Verwerter, und Entsprechendes gilt für Nopalin-Induzierer und -Verwerter.

Man kann *Agrobacterium tumefaciens* also als Parasiten bezeichnen, der die Pflanzenzellen zur Bildung bestimmter Substanzen veranlaßt, die nur er allein benutzen kann, denn auch die Pflanzen können Opine nicht wieder abbauen. Die beiden Gruppen von Agrobacterien haben gemeinsam, daß sie Tumorwachstum hervorrufen, aber eine kann die Nahrung der anderen nicht verwerten. Es scheint heute sicher, daß alle Mitglieder der Octopin-Familie von einem einzigen Enzym synthetisiert werden, welches verschiedene Aminosäuren mit Pyruvat verbindet und Entsprechendes gilt für die Nopalin-Familie.

Plasmide steuern die Beziehung Bakterium – Pflanze

Es war bereits seit einigen Jahren bekannt, daß Bakterien häufig Plasmide enthalten, also ringförmige, extrachromosale DNAs, die als unabhängige Replikationseinheiten in den Zellen vermehrt werden. Sie treten in den verschiedensten Größen auf, und ihre Funktion ist in vielen Fällen noch unbekannt. Im Jahre 1974 erschien eine Arbeit, die für einige von ihnen in Agrobacterien eine Funktion nahelegte. Man fand nämlich, daß alle Tumor-induzierenden Bakterien sehr große Plasmide besitzen (120–135 Millionen Daltons), während solche in nicht-pathogenen Agrobacterien fehlten. Eliminierung der Plasmide wandelte pathogene in nicht-pathogene Bakterienstämme um, und es konnte auch gezeigt werden, daß ursprünglich nicht-pathogene Stämme durch Konjugations-Transfer dieser Plasmide pflanzenpathogen wurden. Auch hier ließen sich Octopin- und Nopalin-Typen deutlich unterscheiden. Man schloß aus diesen Ergebnissen, daß diese sehr großen Plasmide direkt für die Tumor-Entstehung verantwortlich sind, und man gab ihnen später den Namen *Ti-Plasmide (Tumor-induzierende Plasmide)*.

In den letzten Jahren wurden erhebliche Anstrengungen unternommen, die Funktionen dieser interessanten DNAs zu untersuchen. Es gelang, eine genaue Karte einiger Ti-Plasmide aufzustellen und auf dieser Karte bestimmte Bereiche bestimmten Funktionen zuzuordnen. Abb. 2 zeigt schematisch das Nopalin-spezifische Plasmid pTi C58 und einige seiner Funktionen:

Onc (Oncogenicity): Diese Bereiche sind notwendig, um in den Pflanzen Tumore zu induzieren und zu unterhalten. Offensichtlich sind verschiedene, getrennte Regionen auf der DNA dafür notwendig, die für verschiedene Gen-Funktionen verantwortlich sind.

Nos (Nopaline synthesis): Wenn dieser Bereich Deletionen oder Insertionen mit anderer DNA enthält, werden zwar Tumore induziert, aber diese bilden kein Nopalin mehr.

Noc (Nopaline catabolism): Diese Regionen codieren für die Verwertung von Nopalin in den Bakterien. Sind sie verändert, dann weisen die Bakterien mehr oder weniger ausgeprägte Störungen darin auf, Nopalin als einzige Quelle für Stickstoff, Kohlenstoff und Energie zu benutzen. Diese Gen-Aktivitäten werden durch Nopalin induziert. Die Tumor-Induktion wird durch Störungen in diesen Funktionen nicht beeinflußt. Solche Tumoren bilden auch Nopalin, und da außerdem die Regionen für Synthese (Nos) und Abbau (Noc) getrennt sind, muß man schließen, daß Synthese und Abbau von Nopalin von verschiedenen Genen codiert werden.

Tra (Conjugational transfer): Sowohl bei Octopin- als auch bei Nopalin-Plasmiden wurde nachgewiesen, daß sie durch direkte Konjugation zwischen Bakterien auf nicht-pathogene Stämme übertragen werden können. Auch hier sind mehrere DNA-Bereiche notwendig. Im Wild-Typ sind diese Funktionen inaktiv, aber sie können durch Opine aktiviert werden. Da Tra-Mutanten in der Regel zur Tumor-Induktion fähig sind, muß man schließen, daß der Austausch von Plasmiden zwischen Bakterien (Tra) andere Gen-Funktionen benutzt als die Tumor-Induktion in Pflanzen (Onc).

Diese Aufzählung umfaßt bei weitem nicht alle Information über die funktionelle Organisation der Nopalin-Plasmide; aber es gibt auch Bereiche, für die noch nichts bekannt ist. Trotzdem ist bereits deutlich erkennbar, *daß das Ti-Plasmid eine komplexe, integrierte Einheit mit vielen Funktionen bildet, die teils in prokaryotischen, teils in eukaryotischen Zellen aktiv sind.*

Einige Octopin-Plasmide wurden mit der gleichen Sorgfalt untersucht, um eine Erklärung für die strenge Einteilung der Bakterien in zwei Gruppen zu erhalten. Die Ergebnisse von Hybridisierungs-Experimenten zwischen den beiden Plasmiden zeigen, daß Octopin- und Nopalin-Plasmide in bestimmten Bereichen völlig verschieden sind. Dies betrifft auch die Regionen für Synthese und Abbau der Opine. Der Unterschied zwischen den Tumoren vom Typ Octopin und Nopalin ist also auf den Plasmiden verankert. Andererseits besitzen die beiden Plasmide auch bestimmte Bereiche, die so ähnlich sind, daß man von Homologie sprechen kann. Dies gilt z. B. für die Onc-Bereiche (siehe Abb. 2), und man vermutet, daß sie in beiden Plasmiden von den gleichen Ursprungs-Genen abstammen. Entsprechendes trifft auch für Tra-Bereiche zu. Es scheint deshalb wahrscheinlich, daß Octopin- und Nopalin-Plasmide in der Evolution aus Bausteinen verschiedenen und gleichen Ursprungs zusammengesetzt wurden.

T-DNA: Das Tumor-induzierende Prinzip ist DNA

Die eben geschilderten Untersuchungen zeigen, daß die Fähigkeit zur Induktion von Opin-Synthese und Tumor-Wachstum auf dem Ti-Plasmid lokalisiert ist. Deshalb lag die Vermutung nahe, daß die pathogenen Agrobacterien das Ti-Plasmid oder wenigstens einen Teil davon in die Pflanzenzellen übertragen. Tatsächlich läßt sich durch Hybridisierung von Plasmid-DNA mit DNA aus sterilen Tumorzellen eindeutig zeigen, daß die Tumor-DNA Sequenzen aus den Plasmiden enthält. Die genauere Analyse führt zu dem Schluß, daß etablierte Tumore nicht das ganze Plasmid enthalten, sondern nur ein einziges Teilstück. Dieses entspricht etwa 10% des Gesamt-Plasmids (10–15 Millionen Daltons), und jede Pflanzenzelle enthält möglicherweise mehrere Kopien. Da DNA aus normalen Pflanzenzellen keine Hybridisierung mit Ti-Plasmiden erkennen läßt, *ist damit bewiesen, daß das Tumor-induzierende Prinzip DNA ist. Die übertragene DNA wird als T-DNA bezeichnet (Tumor-DNA oder transferred DNA).*

Die T-DNA der transformierten Zellen ist ein einziges, zusammenhängendes Stück des Ti-Plasmids, welches sich „rechts" und „links" von dem willkürlich gewählten Nullpunkt des Plasmids erstreckt. Mit Hilfe von Insertions- und Deletions-Mutanten läßt sich ableiten, daß sie mindestens drei genetisch definierbare Funktionen trägt (Abb. 3). Ein Stück von etwa 1,5 Millionen Daltons am rechten Ende (Nos im Ti-Plasmid, siehe Abb. 2) ist in Nopalin-Plasmiden für die Bildung von Nopalin verantwortlich. Das mittlere Stück (etwa 5 Millionen Daltons) bewirkt Induktion und Erhaltung des Tumors. Es entspricht im Ti-Plasmid demjenigen Onc-Bereich, der Nos benachbart ist (siehe Abb. 2). Die anderen Onc-Regionen werden niemals in Tumorzellen gefunden. Wahrscheinlich spielen sie nur in der Anfangsphase der Tumorbildung eine Rolle, wie z. B. bei der Bindung der Bakterien an die verwundete Pflanzenzelle. Das linke Stück der T-DNA (etwa 8 Millionen Daltons) ist bisher wenig untersucht, und seine Funktion(en) können noch nicht klar definiert werden. Man weiß jedoch, daß Veränderungen in ihm zu ungewöhnlichen Wucherungen führen, die ausdifferenzierte Gewebe verschiedener Art zeigen können. Es wird deshalb vermutet, daß dieser Teil der T-DNA in den Hormon-Haushalt der Pflanzenzelle eingreift.

Die T-DNA der Octopin-Plasmide ist in der Regel etwas kleiner als die von Nopalin-Plasmiden, aber funktionell ist sie in der gleichen Weise aufgebaut. Es gibt also auch hier drei genetisch definierte Regionen: Rechts Octopin-Synthese, in der Mitte Tumorinduktion und links mögliche Effekte auf den Hormon-Haushalt.

Nachdem jetzt sicher ist, daß ein DNA-Transfer vom Bakterium in die Pflanze für die Tumorbildung verantwortlich ist, ergeben sich einige interessante Fragen, wie z. B.: Wo ist die T-DNA in der Pflanzenzelle und durch welche molekularen Mechanismen bewirkt sie Opin-Synthese und Tumorwachstum? Nach neueren Ergebnissen scheint sich die T-DNA ausschließlich im Zellkern zu befinden, nicht in Chloroplasten oder Mitochondrien. Es ist jedoch noch nicht völlig geklärt, ob sie fest in chromosomale DNA integriert ist oder unabhängig als eine eigene Replikationseinheit vermehrt wird, vielleicht in Verbindung mit einem relativ kleinen Stück pflanzlicher DNA. Obwohl bekannt ist, daß verschiedene Regionen der T-DNA in RNA transkribiert werden, sind die Gen-Produkte nicht charakterisiert. Die genetische Definition, daß zum Beispiel die Nos-Region für Nopalin-Synthese verantwortlich ist, macht keine Aussage über den biochemischen Mechanismus, durch den dies erreicht wird. Da Nopalin in normalem Gewebe nicht gebildet wird, scheint es wahrscheinlich, daß die Nos-Region das Struktur-Gen für das Enzym Nopalin-Synthase enthält, aber der direkte biochemische Nachweis steht noch aus. Die gleichen Überlegungen gelten für die beiden anderen Funktionen der T-DNA. Hier findet man zusätzlich noch die Komplikation, daß die biochemischen Grundlagen für Tumorwachstum oder für abweichende Tumor-Typen völlig unbekannt sind.

Genetische Manipulation durch Bakterien und Menschen

Offensichtlich verbirgt sich hinter dem Begriff „Bakterien-induzierte Tumore" eine ganz besondere Form von Parasitismus, die wohl als einzigartig bezeichnet werden darf. Die Agrobacterien leben nicht einfach von der Substanz der Pflanzenzellen, sondern sie zwingen ihnen mit Hilfe des Ti-Plasmids einen neuen Genotyp auf („Genetische Kolonisierung" oder „Genetischer Parasitismus", siehe Schema in Abb. 4). Dies geschieht durch Einschleusung von Genen, die mindestens zwei wichtige Veränderungen verursachen: Induktion der Opin-Synthese und Tumorwachstum. Das erste versorgt die Bakterien mit Nahrung, die weder von den Pflanzen noch von anderen Bakterien verwertet werden kann; das zweite sorgt für ausreichende Vermehrung dieser Zellen. Damit verschaffen sich die pathogenen Agrobacterien einen exklusiven Zugang zu den Photosynthese-Leistungen der Pflanze. *Dies ist eindeutig eine genetische Manipulation der Pflanzen durch die Bakterien, welche sich ohne Einfluß des Menschen entwickelt und durchgesetzt hat.*

Man kann sich nun fragen, ob dieses natürliche System nicht auch ausgenutzt werden kann, um andere, vom Menschen erwünschte Gene mit Hilfe des Ti-Plasmids in die Pflanzen einzuschleusen.

Die Übersicht 2 (Seite 40) versucht, eine der denkbaren Strategien schematisch darzustellen. Sie geht davon aus, daß ein gewünschtes Gen in die Nos-Region des isolierten Ti-Plasmids eingebaut werden kann. Das modifizierte Plasmids wird dann direkt in die Pflanzenzelle eingeschleust, oder man bringt es zunächst zurück in die Agrobacterien, um ihnen den Transfer der T-DNA zu überlassen. Aus Gründen der Sicherheit und Zweckmäßigkeit werden solche Versuche nicht mit ganzen Pflanzen im Feld durchgeführt, sondern mit Zellkulturen oder Protoplasten. Diese können leicht unter sterilen Bedingungen gehalten werden, und die Selektion der transformierten Zellen läßt sich so viel besser kontrollieren. Bei fast allen Experimenten hat sich bisher nämlich gezeigt, daß die Zahl der erfolgreich transformierten Zellen ziemlich klein ist. Man benötigt also eine Selektion, die das Wachstum der nicht-transformierten Zellen verhindert. Dazu bietet sich ein Nährmedium ohne Hormone an, denn T-DNA enthaltende Zellen können sich darauf weiter vermehren, während normale Zellen dazu nicht in der Lage sind. Falls im Experiment lebende Agrobacterien verwendet wurden, müssen diese natürlich nach dem Einschleusen der DNA in die Pflanzenzellen vollständig durch Antibiotika eliminiert werden. Unter geeigneten Bedingungen wachsen die genetisch veränderten Zellen zu einem bakterienfreien Kallus heran. Man muß dann mit geeigneten Kombinationen verschiedener Pflanzenhormone die Differenzierung zu Sprossen und Wurzeln induzieren, damit unter sterilen Bedingungen eine ganze Pflanze mit dem gewünschten, zusätzlichen Gen heranwächst.

Es muß betont werden, daß dieses Schema außerordentlich vereinfacht ein sehr komplexes Geschehen zu beschreiben versucht, und es wird sicher noch erhebliche Mühe und Arbeit kosten, bis dieser oder ein anderer Weg realisiert werden kann. Viele der notwendigen Einzelschritte wurden jedoch unabhängig voneinander bereits erfolgreich durchgeführt. So ist es zum Beispiel schon gelungen, ein neues Gen mit Hilfe des Ti-Plasmids in eine Pflanzenzelle einzuschleusen. Es handelt sich dabei um das bakterielle Transposon Tn7, wel-

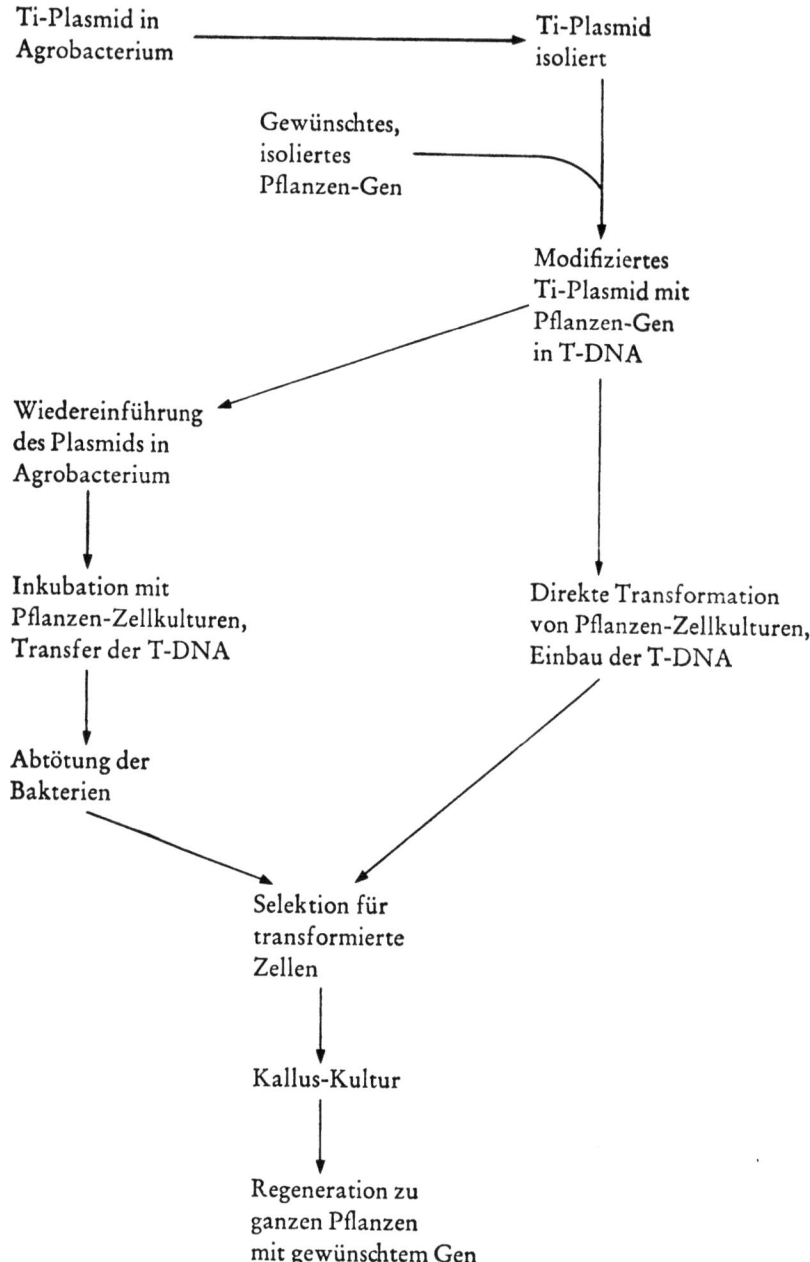

Übersicht 2: Genetische Manipulation der Pflanze durch den Menschen. Eine denkbare Strategie, die das Ti-Plasmid als Vektor für Gene benutzt.

ches unter anderem für eine Dihydrofolat-Reduktase codiert, die nicht durch Methotrexat (Amethopterin, ein Analog der Dihydrofolsäure) gehemmt wird. Das modifizierte Plasmid enthielt diese sehr große DNA (9,5 Millionen Daltons) in der Region, die für die Nopalin-Synthese verantwortlich ist. Dementsprechend bildeten die transformierten Zellen kein Nopalin, und es wurde zweifelsfrei nachgewiesen, daß die modifizierte T-DNA intakt und unverändert in die Pflanzenzellen eingeschleust worden war.

Man muß sich natürlich fragen, ob es sinnvoll oder notwendig ist, auch die genetische Information für Tumorwachstum zu übertragen. Bis jetzt wurde jedoch keine Gen-Übertragung ohne dieses DNA-Stück im Plasmid nachgewiesen. Außerdem erfüllt es bei der Selektion der transformierten Zellen eine wichtige Rolle, die zur Zeit noch nicht durch ein anderes Merkmal ersetzt werden kann. Eine weitere wichtige Frage, ob nämlich intakte Pflanzen aus Tumor-Zellen regeneriert werden können, darf wenigstens teilweise bejaht werden. Es gelang nämlich bereits, die Bildung von Sprossen in Kallus-Geweben von transformierten Tabak-Zellkulturen zu induzieren. Da Wurzel-Bildung noch nicht gelang, wurden die Sprosse auf Stengel gepfropft. Dort entwickelten sie sich zu Pflanzen, die in allen Geweben normale Differenzierung zeigten, und sogar Blüten und Früchte wurden gebildet. Eine genaue Analyse zeigte, daß die T-DNA in den differenzierten Geweben noch vollständig vorhanden war, und auch Nopalin wurde nachgewiesen. Als man diese Gewebe auf Nährmedien in Kultur nahm, vermehrten sich die Zellen wieder ohne Hormon-Zusatz, also wie typische Tumorzellen. Dies bedeutet, daß unter bestimmten Bedingungen das Gen für Tumorwachstum doch durch andere Regulations-Mechanismen inaktiv gehalten werden kann.

Ein großes Problem bei der genetischen Manipulation von Pflanzen besteht darin, daß noch recht wenig über die Struktur und die Funktion der Gene bekannt ist, weil die Isolierung große Schwierigkeiten bereitet. Die T-DNA enthält Gene, die offensichtlich in Pflanzen aktiv sind. Da diese ohne große Probleme in ausreichender Menge isoliert werden können, bieten sie einen *hervorragenden Ansatzpunkt, die Funktion und Regulation von Genen in Pflanzen zu studieren.* Solche Untersuchungen sind unerläßlich, denn schließlich muß die Aktivität der eingeschleusten Gene auch korrekt in der neuen Umgebung reguliert werden können.

Bedeutung der Gen-Technologie

Ein wichtiger Punkt dieses Vortrages ist, daß genetische Manipulation von Pflanzen nicht etwas Artifizielles, vom Menschen Erfundenes ist. Wie bei so vielen Entdeckungen zeigt sich auch hier, daß man auf ein Prinzip gestoßen ist, welches in der Natur seit langem erfolgreich praktiziert wird. Die Plasmide der Agrobacterien sind wohlorganisierte, komplexe Systeme zur genetischen Manipulation von Pflanzen, ohne daß die Ökologie der Erde tiefgreifend davon beeinflußt wird. Es gibt keinen Grund für eine irrationale Furcht, daß die Anwendung dieser Prinzipien unvorhersehbare und unkontrollierbare Gefahren heraufbeschwört. Eine Diskussion über die möglichen Konsequenzen unseres Tuns ist sicherlich fruchtbar, wenn sie zu einer realistischen Einschätzung beiträgt. Wenn man betrachtet, wie stark und manchmal verheerend der Mensch bis jetzt in vielen Fällen die Ökologie verändert hat und es noch tut, kann man sich eine kritische Diskussion in manchen Fällen nur wünschen. Sie darf jedoch nicht dazu führen, daß wir aus Furcht vor dem Unbekannten die Forschung und die verantwortungsbewußte Anwendung der Ergebnisse aufgeben. Die Erforschung des Unbekannten ist ein unverzichtbarer Teil der Naturwissenschaften, und Pflanzen mit neuen Merkmalskombinationen wurden vom Menschen seit dem Beginn der Züchtung hergestellt. *Die Gen-Technologie sollte als eine Fortsetzung der Züchtung mit einer neuen Methodik betrachtet werden.*

Es ist hinreichend bekannt, daß eine ausreichende Ernährung der Weltbevölkerung schon jetzt erhebliche Schwierigkeiten bereitet. In vielen Ländern ist Hunger noch immer oder schon wieder eine Realität, und die Verbesserungen der landwirtschaftlichen Erträge reichen kaum aus, mit der wachsenden Bevölkerung Schritt zu halten. Der konventionellen Züchtung von neuen und besseren Nutzpflanzen sind relativ enge Grenzen gesetzt, da optimale Merkmalskombinationen nicht durch Kreuzung von beliebig verschiedenen Pflanzen erhalten werden können.

Die vom Menschen sorgfältig kontrollierte genetische Manipulation könnte deshalb von großer Bedeutung werden, denn mit ihr könnte es gelingen, jedes gewünschte Gen in Pflanzen einzubringen, oder bereits vorhandene Gene zu verbessern. Die Agrobacterien zeigen uns, wie man mit Hilfe des Ti-Plasmids die Pflanzen erfolgreich genetisch verändern kann. Es besteht Hoffnung, daß dieser von der Natur vorgezeichnete Weg auch vom Menschen für seine Zwecke benutzt werden kann.

Literatur

Zusammenfassende Artikel

[1] Braun, A. C.: Plant Tumors. Biochim. Biophys. Acta *516*, 167–191 (1978).
[2] Beiderbeck, R.: Pflanzentumoren. Verlag Eugen Ulmer, Stuttgart, 1977.
[3] Montagu, M. and Schell, J.: The Plasmids of *Agrobacterium tumefaciens*. In: Plasmids of Medical, Environmental and Commercial Importance. (Timmis, K. N. and Pühler, A. eds.), Elsevier/North-Holland Biomedical Press, 1979.
[4] Schell, J.: Crown-gall: Transfer of Bacterial DNA to Plants via the Ti-Plasmid. In: Nucleic Acids in Plants. (Hall, T. and Davies, J., eds.), CRC Press, Cleveland, 1979.
[5] Schell, J. and Montagu, M.: The Ti-Plasmids of *Agrobacterium tumefaciens* and their Role in Crown Gall Formation. In: Genome Organization and Expression in Plants. (Leaver, Ch., ed.), Planum Press, New York, 1980.
[6] Schell, J. et al.: Crown Gall: Bacterial Plasmids as Oncogenic Elements. In: Molecular Biology of Plants. (Rubinstein, I., Phillips, R. L., Green, C. E. and Gengenbach, B. G., eds.), Academic Press, New York, 1979.

Spezielle Arbeiten

[1] Scott, I. M. et al.: Analysis of a Range of Crown Gall and Normal Plant Tissues for Ti-Plasmid-Determined Compounds. Molec. gen. Genet. *176*, 57–65 (1979).
[2] Firmin, J. L. and Fenwick, G. R.: Agropine – a Major New Plasmid-Determined Metabolite in Crown Gall Tumours. Nature (London) *276*, 842–844 (1978).
[3] Lippincott, J. A. et al.: Utilization of Octopine and Nopaline by Agrobacterium. J. Bact. *116*, 378–383 (1973).
[4] Zaenen, I. et al.: Supercoiled Circular DNA in Crown-Gall Inducing Agrobacterium Strains. J. Mol. Biol. *86*, 109–127 (1974).
[5] Petit, A. et al.: Substrate Induction of Conjugative Activity of *Agrobacterium tumefaciens* Ti-Plasmids. Nature (London) *271*, 570–571 (1978).
[6] Genetello, C. et al.: Ti-Plasmids of Agrobacterium as Conjugative Plasmids. Nature (London) *265*, 561–563 (1977).
[7] Chilton, M.-D. et al.: Stable Incorporation of Plasmid DNA into Higher Plant Cells: The Molecular Basis of Crown Gall Tumorigenesis. Cell *11*, 263–271 (1977).
[8] Depicker, A. et al.: Homologous DNA Sequences in Different Ti-Plasmids are Essential for Oncogenicity. Nature (London) *275*, 150–152 (1978).
[9] Holsters, M. et al.: The Functional Organization of the Nopaline *A. tumefaciens* Plasmids pTiC58. Plasmid, in press (1980).
[10] Drummond, M. H. et al.: Foreign DNA of Bacterial Plasmid Origin is transcribed in Crown Gall Tumors. Nature (London) *269*, 535–536 (1977).
[11] Gurley, W. B. et al.: Transcription of Ti-Plasmid-Derived Sequences in Three Octopine-Type Crown Gall Tumor Lines. Proc. Natl. Acad. Sci. USA *76*, 2828–2832 (1979).
[12] Braun, A. C. and Wood, H. N.: Suppression of the Neoplastic State with the Acquisition of Specialized Functions in Cells, Tissues, and Organs of Crown Gall Teratomas of Tobacco. Proc. Natl. Acad. Sci. USA *73*, 496–500 (1976).

Abb. 1: Wurzelhalsgalle (crown gall) am Stengel von *Kalanchoe daigremontiana*. Dieser Tumor wurde im Gewächshaus durch Infektion mit *Agrobacterium tumefaciens* induziert. Die Infektion wurde am Stengel gesetzt, damit die Wucherung besser sichtbar ist. In der Natur finden sich die Tumoren meist am Übergang von Sproß und Wurzel, da hier die Bakterien am ehesten in Verwundungen der Pflanze gelangen. Solche Wucherungen sind deshalb häufig halb im Erdreich verborgen. Foto: M. Kalda

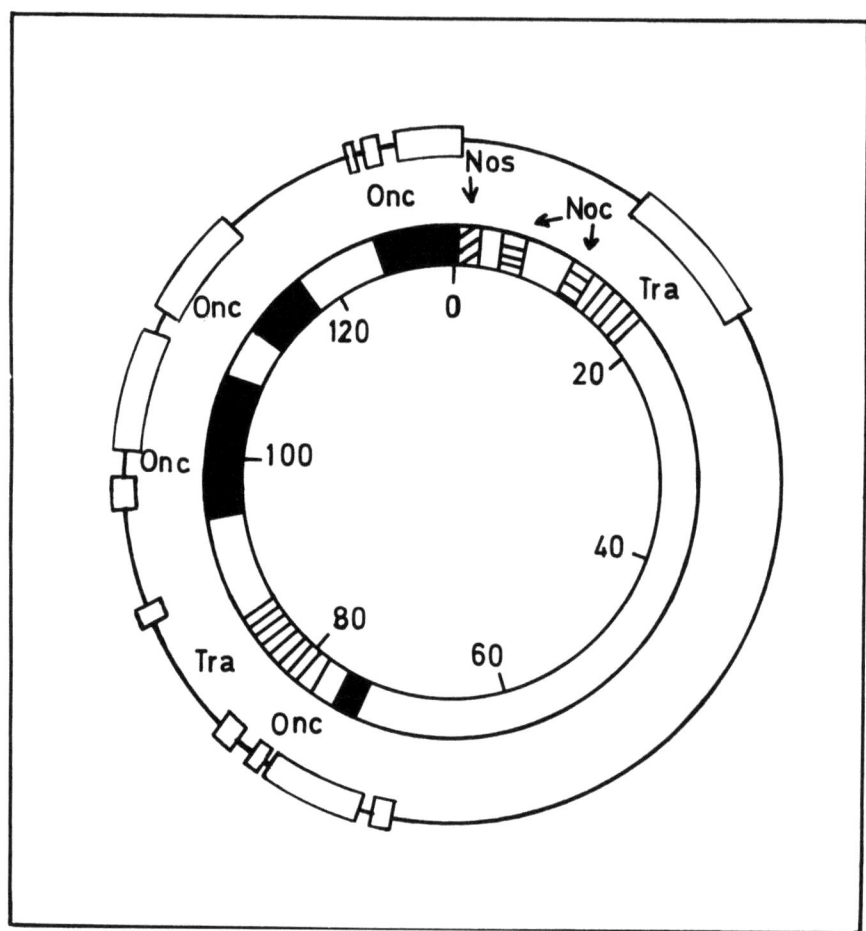

Abb. 2: Funktionelle Organisation eines Nopalin-spezifischen Ti-Plasmids (pTiC58). Innerer Ring: Die gekennzeichneten Bereiche enthalten genetisch definierte Funktionen, die in den Bakterien oder in den Pflanzen aktiv sind (siehe Text). Die Zahlen geben das Molekulargewicht in Millionen Daltons an. Der Nullpunkt ist willkürlich gewählt; er definiert einen Ort auf der DNA, an dem das Restriktions-Enzym SmaI das Plasmid an einer Stelle schneidet, die Octopin- und Nopalin-Plasmiden gemeinsam ist. Äußerer Ring: DNA-Regionen, die in Octopin- und Nopalin-Plasmiden homolog sind.

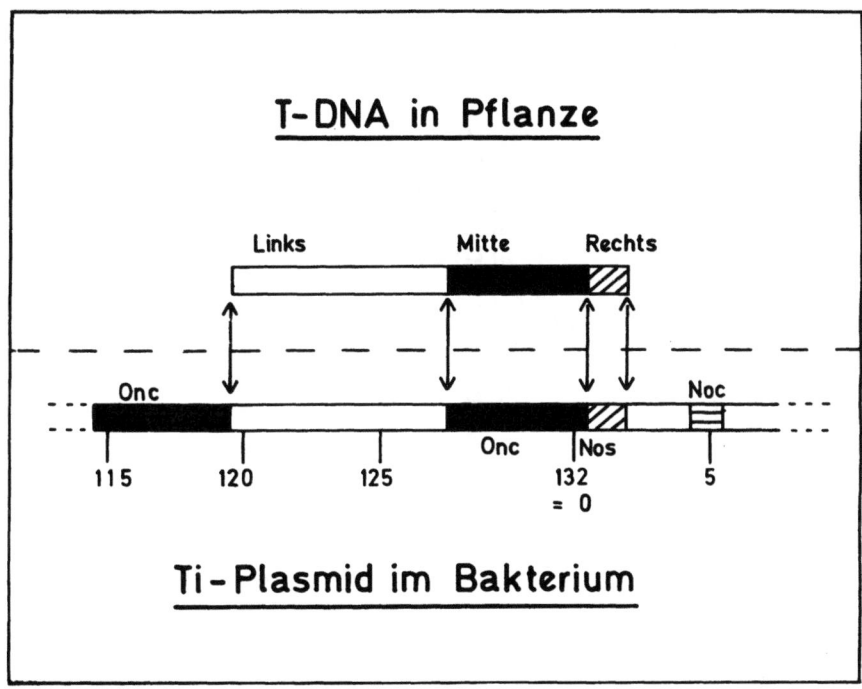

Abb. 3: T-DNA in der Pflanze und Ti-Plasmid im *Agrobacterium tumefaciens*. Die T-DNA ist ein einziges, zusammenhängendes Teilstück des Ti-Plasmids. Dieses Stück wird während der Transformation unverändert in die Pflanzenzelle eingeschleust und bewirkt Opin-Synthese des Tumorwachstums.

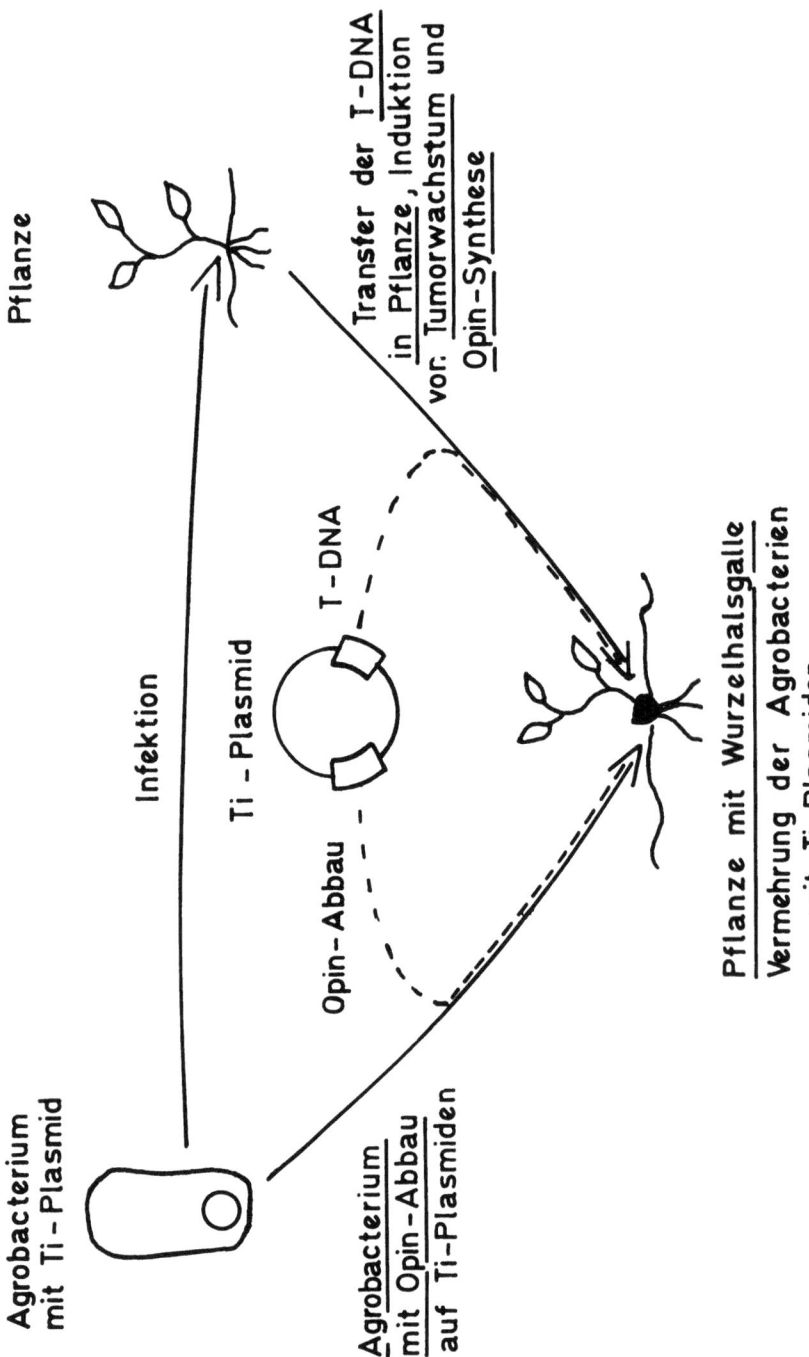

Abb. 4: Genetische Kolonisierung der Pflanze durch die Agrobacterien. Die Ti-Plasmide spielen dabei eine zentrale Rolle: Sie enthalten die Gene für Synthese und Abbau der Opine. Erstere werden in der Pflanzenzelle, letztere im Bakterium aktiv. Die Gene für Induktion und Erhaltung des Tumorwachstums befinden sich ebenfalls auf dem Ti-Plasmid. Da die Tumore von der Pflanze ernährt werden, verschaffen sich die Bakterien einen exklusiven Zugang zu den Photosynthese-Leistungen der Pflanze.

Diskussion

Herr Kick: Wird diese Methode des Austausches von Informationseinheiten in den Genen nicht einen Einfluß haben auf das Funktionieren der gesamten Vererbungsvorgänge oder ist das völlig voneinander unabhängig? Wenn Sie also eine Stelle ändern, wird ein solcher Eingriff nicht auch das ganze System in irgendeiner Weise berühren können? Oder kann man da von vornherein annehmen, daß nichts weiter passiert? Denn das wäre ja immerhin sehr kritisch.

Herr Schell: Sie haben recht, daß dies ein kritischer Punkt ist. Bei der sexuellen Vermehrung gibt es ja eine ganz ähnliche Situation. Eine der Barrieren, die eine willkürliche Kombination von verschiedenen Genomen verhindert, besteht daraus, daß die Vereinigung nicht aufeinander abgestimmter Genome keine gut funktionierenden Zellen und Organismen ergibt. Man muß deshalb bei der genetischen Manipulation mit Genen arbeiten, die präzise definiert sind und mit dem Genom zusammenpassen, damit ein koordiniertes Ganzes mit dem zusätzlichen Gen entsteht.

Herr Hess: Was ist die Funktion des Plasmids hierbei in den Bakterien?

Herr Schell: Plasmide sind allgemein wichtig in Bakterien für die schnelle Anpassung an neue Lebensbedingungen. Ein klassisches Beispiel dafür ist Antibiotika-Resistenz. Die genetische Information dafür befindet sich häufig auf der DNA von Plasmiden. Das Ti-Plasmid der Agrobacterien ist weitaus komplizierter organisiert, denn es enthält Gene, die in den Agrobacterien oder in den Pflanzenzellen aktiv sind. In den Bakterien sind die Gene für den Abbau der Opine aktiv und sorgen dafür, daß die von den Pflanzen gebildeten Opine verwertet werden können. Ebenfalls auf dem Plasmid sitzt die genetische Information, die den Austausch von Plasmiden zwischen verschiedenen Bakterien kontrolliert.

Herr Hess: Und welche Funktion hat nun das Opin im Zellstoffwechsel?

Herr Schell: Bakterien brauchen zum Wachstum eine Quelle für Stickstoff, Kohlenstoff und Energie. Normalerweise gibt es um diese zwischen verschiedenen Bakterien-Arten eine starke Konkurrenz. Die Agrobacterien sind die einzigen, die Opine verwerten können. Sie sind damit ohne Konkurrenz bei dieser Nahrung und haben einen Selektionsvorteil gegenüber den anderen Bakterien. Agrobacterien bauen Opine vollständig ab, und sie können mit den Opinen als einziger Quelle von Stickstoff, Kohlenstoff und Energie leben und wachsen.

Herr Krebs: Oktopin scheint mir auch eine Substanz zu sein, die für verschiedene Zwecke dienstbar gemacht wird.

Herr Schell: Das ist richtig. Eines der Opine, Oktopin, trägt seinen Namen, weil es zuerst im Oktopus gefunden wurde. Dort dient es jedoch nicht als Nahrung für die Zellen, sondern es hat eine wichtige biochemische Funktion im Energie-Haushalt der Muskeln. Diese Funktion ist ganz anders als bei den Agrobacterien.

Herr Heckmann: Ich möchte zum Thema Gen-Manipulation noch eine Frage stellen: Wie hoch schätzen Sie die Chancen ein, daß mit Hilfe der genetischen Manipulation innerhalb kurzer Zeit etwas für die Ernährung Wichtiges, Neues gefunden werden kann? Wäre es – wenn man ökonomisch denkt – nicht erfolgversprechender, statt zu versuchen, in Kulturpflanzen neue Gene einzuführen, an vielleicht extremen Standorten nach neuen, für die Ernährung bisher noch nicht genutzten Pflanzen zu suchen?

Herr Schell: Diese Fragen können zur Zeit nicht schlüssig beantwortet werden, da die notwendigen objektiven Daten noch nicht zur Verfügung stehen. Zum Glück ist der finanzielle Aufwand für die Untersuchung der Gen-Technologie bei Pflanzen nicht so hoch, daß die Frage nach den Erfolgsaussichten schon heute in aller Schärfe gestellt werden muß.

Herr Hess: Warum benötigt man kein Wachstumshormon zur Proliferation?

Herr Schell: Es ist ein sehr interessantes Phänomen, daß die vom Ti-Plasmid transformierten Zellen keine Hormone wie Auxin und Kinetin zu Wachstum und Vermehrung benötigen. Man weiß heute, daß die Zellen keine Hormonzugabe brauchen, weil sie selbst genügend davon produzieren. Es ist jedoch noch unbekannt, ob die Gene dafür vom Ti-Plasmid stammen oder ob pflanzeneigene Gene aktiviert werden. Für das letztere könnte sprechen, daß auch „normale" Zellen manchmal hormonunabhängig werden („habituierte" Zellen). Auch hier ist der molekulare Mechanismus nicht bekannt.

Herr Kick: Es ist ja die Frage, ob Sie auch Möglichkeiten sehen, nicht nur andere Aminosäuren einzubauen, sondern auch unsere Produktion besser zu schützen. So lange noch fast 30% unserer gesamten landwirtschaftlichen pflanzlichen Produkte, besonders in den Entwicklungsländern, von Schädlingen aufgefressen werden, ist das ein Problem, das vielleicht auf diesem Wege zum Teil mit gelöst werden kann, ganz abgesehen von den ökologischen Problemen, die wir mit dem modernen chemischen Pflanzenschutz haben.

Herr Schell: Ja, das ist unbedingt eine wichtige potentielle Anwendung der Gen-Technologie. Ich habe dieses Beispiel nur deswegen nicht angeführt, weil es noch sehr schwierig ist, damit etwas zu beginnen. Der Grund dafür ist der, daß die biochemischen Mechanismen für Resistenzen in den meisten Fällen kaum bekannt sind. Das ist jedoch die Voraussetzung, damit man mit der Arbeit an Genen anfangen kann.

Herr Müller: Eine wichtige Voraussetzung für die generelle Anwendbarkeit dieser Methode der Genübertragung ist doch, daß für viele Pflanzentypen Vektoren vorhanden sind. Könnten Sie etwas dazu sagen, wie groß der „host range" des Ti-Plasmids ist?

Herr Schell: Der natürliche Wirtsbereich ist sehr breit, aber er ist dadurch begrenzt, daß nur Dikotyledonen befallen werden. Das ist schade, denn viele der wichtigsten Nahrungsproduzenten sind Getreidearten, also Monokotyledonen. Es gibt jedoch vielleicht Möglichkeiten, den Wirtsbereich auch auf diese Pflanzen auszudehnen. Man kann sich aus diesen Pflanzen Zellen ohne Zellwand präparieren, also Protoplasten, und diese dann mit gereinigter Plasmid-DNA direkt infizieren. Wenn das gelingt, kann der Wirtsbereich im Labor ganz erheblich erweitert werden.

Veröffentlichungen
der Arbeitsgemeinschaft für Forschung des Landes Nordrhein-Westfalen, jetzt: Rheinisch-Westfälische Akademie der Wissenschaften

Neuerscheinungen 1976 bis 1981

Vorträge N Heft Nr.		NATUR-, INGENIEUR- UND WIRTSCHAFTSWISSENSCHAFTEN
256	Joachim Kowalewski, Aachen	Neuere Erkenntnisse über Schwingungen von Bauwerken im Wind
	Oskar Pawelski, Düsseldorf	Wege und Grenzen der Plastomechanik bei der Anwendung in der Umformtechnik
257	Joseph Straub, Köln	Fortschritte in der Kultur von Pflanzenzellen – neue Züchtungsmethoden
	Meinhart H. Zenk, Bochum	Das physiologische Potential pflanzlicher Zellkulturen
258	Hans Cottier, Bern	Die Lebensgeschichte der Lymphozyten und ihre Funktionen
	Sven Effert, Aachen	Über einige neuere Möglichkeiten der Herzdiagnostik
259	Dietrich Welte, Aachen	Anwendung der organischen Geochemie für die Erdölexploration
	Werner Schreyer, Bochum	Hochdruckforschung in der modernen Gesteinskunde
260	Ilya Prigogine, Brüssel	L'Ordre par Fluctuations et le Système Social
	Josef Meixner, Aachen	Entropie einst und jetzt
261	Horst E. Müser, Saarbrücken	Grundlagen und Anwendungen der Ferroelektrizität
	Heinz Bittel, Münster	Das Rauschen, ein ebenso interessantes wie störendes Phänomen
262	Ekkehard Grundmann, Münster	Vorstadien des Krebses
	Norbert Hilschmann, Göttingen	Das Antikörperproblem, ein Modell für das Verständnis der Zelldifferenzierung auf molekularer Ebene
263	Hans K. Schneider, Köln	Die Zukunft unserer Energiebasis als ökonomisches Problem
	Hans Frewer, Erlangen	Wandel der Energietechnik durch Einsatz neuer Energieträger
264	Wolfgang Pitsch, Düsseldorf	Thermodynamik der Eisenmischkristalle
	Bernhard Ilschner, Erlangen	Innere Regelkreise bei der Hochtemperatur-Verformung kristalliner Festkörper
265	Franz Huber, Seewiesen (Obb.)	Lautäußerungen und Lauterkennen bei Insekten (Grillen) Jahresfeier am 26. Mai 1976
266	Herbert Giersch, Kiel	Perspektiven der Entwicklung der Weltwirtschaft
	Norbert Szyperski, Köln	Unternehmungs- und Gebietsentwicklung als Aufgabe einzelwirtschaftlicher und öffentlicher Planung
267	Hans Brand, Erlangen	Möglichkeiten und Grenzen einer technischen Nutzung der Sonnenenergie
	Karl-Friedrich Knoche, Aachen	Thermochemische Wasserzersetzungsprozesse
268	Bartel Leendert van der Waerden, Zürich	Die vier Wissenschaften der Pythagoreer
	Hans Hermes, Freiburg i. Br.	Hundert Jahre formale Logik
269	Karl Ernst Wohlfarth-Bottermann, Bonn	Cytoplasmatische Actomyosine und ihre Bedeutung für Zellbewegungen
	Ernst Zebe, Münster	Anaerober Stoffwechsel bei wirbellosen Tieren
270	Ronald Mason, Brighton, U. K.	The Evolution of a Coordination and Organometallic Chemistry of Surfaces
	Max Schmidt, Würzburg	Elementarer Schwefel – neue Fragen zu einem alten Problem
271	Wolfgang Flaig, Braunschweig	Fortschritte auf dem Gebiet der Biochemie des Bodens im Bezug zur pflanzlichen Produktion (Übersicht)
	Hermann Kick, Bonn	Probleme der Düngung in der modernen Landwirtschaft
272	Dietrich W. Lübbers, Dortmund	Die Sauerstoffversorgung der Warmblüterorgane unter normalen und pathologischen Bedingungen
	Gerhard Neuweiler, Frankfurt/M.	Die Echoortung der Fledermäuse
273	Ulrich Bonse, Dortmund	Interferometrie mit Röntgen- und Neutronenstrahlen
	Horst Stegemeyer, Paderborn	Flüssige Kristalle: Strukturen, Eigenschaften und Bedeutung

274	Kurt Fränz, Ulm	Humanismus und Technik – Variationen über ein altes Thema
275	Joseph Rutenfranz, Dortmund	Arbeitsphysiologische Grundprobleme von Nacht- und Schichtarbeit
	Rainer Bernotat, Meckenheim	Ergonomische Gestaltung von Mensch-Maschine-Systemen
276	Gerhard Fels, Kiel	Wiederbelebung der privaten Investitionstätigkeit als wirtschaftspolitische Aufgabe
	Herbert Hax, Köln	Finanzwirtschaftliche Planung in der Unternehmung bei Geldentwertung
277	Friedrich Liebau, Kiel	Fortschritte auf dem Gebiet der Kristallchemie der Silikate
278	Heinrich Kuttruff, Aachen	Gelöste und ungelöste Fragen der Konzertsaalakustik
	Hermann Schenck, Aachen	Prosperität und Handlungsfreiheit der Stahlindustrie im Kraftfeld konjunktureller und struktureller Bewegungen
279	Joseph Straub, Köln	Züchtungsforschung im Dienste der Ernährung
		Jahresfeier am 3. Mai 1978
280	Heinrich Mandel, Essen	Die Kernenergie im Spannungsfeld zwischen wirtschaftlicher Nutzung und öffentlicher Billigung
281	Wolfgang Zerna, Bochum	Probleme des Spannbetons
	Karl Kordina, Braunschweig	Über das Brandverhalten von Bauteilen und Bauwerken
282	Werner H. Hauss, Münster	Über die Möglichkeit, Koronarsklerose und Herzinfarkt zu verhüten und zu behandeln
	Ludwig E. Feinendegen, Jülich	Externe Messung von Herzstruktur und -funktion
283	Gotthilf Hempel, Kiel	Meeresfischerei als ökologisches Problem
	Eugen Seibold, Kiel	Rohstoffe in der Tiefsee – Geologische Aspekte
284	Heinz-Günther Wittmann, Berlin	Ribosomen und Proteinbiosynthese
285	Helmut Domke, Aachen	Sicherungsmaßnahmen gegen Bergschäden und Erdbeben
	Friedrich-Wilhelm Gundlach, Berlin	Der Einfluß des Regens auf die Ausbreitung von Mikrowellen
286	Horst Rollnik, Bonn	Ideen und Experimente für eine einheitliche Theorie der Materie
287	John C. Harsanyi, Berkeley, Bonn	A new solution concept for both cooperative and noncooperative games
	Reinhard Selten, Bielefeld	Experimentelle Wirtschaftsforschung
288	Friedrich Hund, Göttingen	Die Rolle des Dualismus Welle-Teilchen beim Werden der Quantentheorie
	Claus Müller, Aachen	Neue Verfahren zur Lösung der elliptischen Randwertprobleme der Mathematischen Physik
289	Ulrich Hütter, Stuttgart	Moderne Windturbinen
	Rudolf Schulten, Jülich	Kernenergietechnik heute
290	Paul Arthur Mäcke, Aachen	Planerische Möglichkeiten für einen humanen Stadtverkehr
	Karlheinz Roik, Bochum	Schrägseilbrücken – Beispiele und Entwicklungstendenzen im modernen Stahlbrückenbau
291	Stefan Vogel, Wien	Florengeschichte im Spiegel blütenökologischer Erkenntnisse
	Walter Larcher, Innsbruck	Klimastreß im Gebirge – Adaptationstraining und Selektionsfilter für Pflanzen
292	Günther Gerisch, Basel	Periodische Enzymaktivierung als Kontrollfaktor multizellulärer Entwicklung
	Jens Blauert, Bochum	Neuere Ergebnisse zum räumlichen Hören
293	Franz Grosse-Brockhoff, Düsseldorf	Herzbehandlung mit dem ‚Fingerhut' einst und jetzt
294	Norbert Kloten, Stuttgart	Das Europäische Währungssystem. Eine europapolitische Grundentscheidung im Rückblick
295	Karl Schindler, Bochum	Die Magnetosphäre der Erde und ihre Dynamik
296	Eugene P. Cronkite, New York	The hungry granulocyte – Its fate and regulation of production
297	Volker Aschoff, Aachen	Aus der Geschichte der Telegraphen-Codes
	Hans Dieter Lüke, Aachen	Moderne Probleme der Nachrichten-Codierung
298	Karl Kremer, Düsseldorf	Kunststoffe in der Chirurgie
	Gerd Meyer-Schwickerath, Essen	Augenoperationen in mikroskopischen Dimensionen
299	Wolfgang Backé, Aachen	Die Rolle der Fluidtechnik bei der Entwicklung neuartiger Maschinenkonzepte
	Rolf Staufenbiel, Aachen	Entwicklung des zivilen Luftverkehrs unter den Aspekten der Umweltbelastung und dem Zwang von Energieersparnis
300	Hans Adolf Krebs, Oxford	On asking the right question in biological research
	Jozef Schell, Köln	Neue Aussichten für die Pflanzenzüchtung: Gen-Übertragung mit dem Ti-Plasmid

ABHANDLUNGEN

Band Nr.		
30	Walther Hubatsch, Bonn u. a.	Deutsche Universitäten und Hochschulen im Osten
31	Anton Moortgat, Berlin	Tell Chuēra in Nordost-Syrien. Bericht über die vierte Grabungskampagne 1963
32	Albrecht Dihle, Köln	Umstrittene Daten. Untersuchungen zum Auftreten der Griechen am Roten Meer
33	Heinrich Behnke und Klaus Kopfermann (Hrsg.), Münster	Festschrift zur Gedächtnisfeier für Karl Weierstraß 1815–1965
34	Joh. Leo Weisgerber, Bonn	Die Namen der Ubier
35	Otto Sandrock, Bonn	Zur ergänzenden Vertragsauslegung im materiellen und internationalen Schuldvertragsrecht. Methodologische Untersuchungen zur Rechtsquellenlehre im Schuldvertragsrecht
36	Iselin Gundermann, Bonn	Untersuchungen zum Gebetbüchlein der Herzogin Dorothea von Preußen
37	Ulrich Eisenhardt, Bonn	Die weltliche Gerichtsbarkeit der Offizialate in Köln, Bonn und Werl im 18. Jahrhundert
38	Max Braubach, Bonn	Bonner Professoren und Studenten in den Revolutionsjahren 1848/49
39	Henning Bock (Bearb.), Berlin	Adolf von Hildebrand, Gesammelte Schriften zur Kunst
40	Geo Widengren, Uppsala	Der Feudalismus im alten Iran
41	Albrecht Dihle, Köln	Homer-Probleme
42	Frank Reuter, Erlangen	Funkmeß. Die Entwicklung und der Einsatz des RADAR-Verfahrens in Deutschland bis zum Ende des Zweiten Weltkrieges
43	Otto Eißfeld, Halle, und Karl Heinrich Rengstorf (Hrsg.), Münster	Briefwechsel zwischen Franz Delitzsch und Wolf Wilhelm Graf Baudissin 1866–1890
44	Reiner Haussherr, Bonn	Michelangelos Kruzifixus für Vittoria Colonna. Bemerkungen zu Ikonographie und theologischer Deutung
45	Gerd Kleinheyer, Regensburg	Zur Rechtsgestalt von Akkusationsprozeß und peinlicher Frage im frühen 17. Jahrhundert. Ein Regensburger Anklageprozeß vor dem Reichshofrat. Anhang: Der Statt Regenspurg Peinliche Gerichtsordnung
46	Heinrich Lausberg, Münster	Das Sonett Les Grenades von Paul Valéry
47	Jochen Schröder, Bonn	Internationale Zuständigkeit. Entwurf eines Systems von Zuständigkeitsinteressen im zwischenstaatlichen Privatverfahrensrecht aufgrund rechtshistorischer, rechtsvergleichender und rechtspolitischer Betrachtungen
48	Günther Stökl, Köln	Testament und Siegel Ivans IV.
49	Michael Weiers, Bonn	Die Sprache der Moghol der Provinz Herat in Afghanistan
50	Walther Heissig (Hrsg.), Bonn	Schriftliche Quellen in Moġolī. 1. Teil: Texte in Faksimile
51	Thea Buyken, Köln	Die Constitutionen von Melfi und das Jus Francorum
52	Jörg-Ulrich Fechner, Bochum	Erfahrene und erfundene Landschaft. Aurelio de' Giorgi Bertòlas Deutschlandbild und die Begründung der Rheinromantik
53	Johann Schwartzkopff (Red.), Bochum	Symposium ‚Mechanoreception'
54	Richard Glasser, Neustadt a. d. Weinstr.	Über den Begriff des Oberflächlichen in der Romania
55	Elmar Edel, Bonn	Die Felsgräbernekropole der Qubbet el Hawa bei Assuan. II. Abteilung. Die althieratischen Topfaufschriften aus den Grabungsjahren 1972 und 1973
56	Harald von Petrikovits, Bonn	Die Innenbauten römischer Legionslager während der Prinzipatszeit
57	Harm P. Westermann u. a., Bielefeld	Einstufige Juristenausbildung. Kolloquium über die Entwicklung und Erprobung des Modells im Land Nordrhein-Westfalen
58	Herbert Hesmer, Bonn	Leben und Werk von Dietrich Brandis (1824–1907) – Begründer der tropischen Forstwirtschaft. Förderer der forstlichen Entwicklung in den USA. Botaniker und Ökologe
59	Michael Weiers, Bonn	Schriftliche Quellen in Moġolī, 2. Teil: Bearbeitung der Texte

60	*Reiner Haussherr, Bonn*	Rembrandts Jacobssegen Überlegungen zur Deutung des Gemäldes in der Kasseler Galerie
61	*Heinrich Lausberg, Münster*	Der Hymnus ›Ave maris stella‹
62	*Michael Weiers, Bonn*	Schriftliche Quellen in Mogoli, 3. Teil: Poesie der Mogholen
63	*Werner H. Hauss (Hrsg.), Münster,* *Robert W. Wissler, Chicago,* *Rolf Lehmann, Münster*	International Symposium 'State of Prevention and Therapy in Human Arteriosclerosis and in Animal Models'
64	*Heinrich Lausberg, Münster*	Der Hymnus ›Veni Creator Spiritus‹
65	*Nikolaus Himmelmann, Bonn*	Über Hirten-Genre in der antiken Kunst
66	*Elmar Edel, Bonn*	Die Felsgräbernekropole der Qubbet el Hawa bei Assuan. Paläographie der althieratischen Gefäßaufschriften aus den Grabungsjahren 1960 bis 1973

Sonderreihe
PAPYROLOGICA COLONIENSIA

Vol. I
Aloys Kehl, Köln   Der Psalmenkommentar von Tura, Quaternio IX
(Pap. Colon. Theol. 1)

Vol. II
Erich Lüddeckens, Würzburg,   Demotische und Koptische Texte
P. Angelicus Kropp O. P., Klausen,
Alfred Hermann und Manfred Weber, Köln

Vol. III
Stephanie West, Oxford   The Ptolemaic Papyri of Homer

Vol. IV
Ursula Hagedorn und Dieter Hagedorn, Köln   Das Archiv des Petaus (P. Petaus)
Louise C. Youtie und Herbert C. Youtie,
Ann Arbor

Vol. V
Angelo Geißen, Köln   Katalog Alexandrinischer Kaisermünzen der Sammlung des Instituts für Altertumskunde der Universität zu Köln
Band 1: Augustus-Trajan (Nr. 1–740)
Band 2: Hadrian-Antoninus Pius (Nr. 741–1994)

Vol. VI
J. David Thomas, Durham   The epistrategos in Ptolemaic and Roman Egypt.
Part 1: The Ptolemaic epistrategos

Vol. VII   Kölner Papyri (P. Köln)
Bärbel Kramer und   Band 1
Robert Hübner (Bearb.), Köln
Bärbel Kramer und   Band 2
Dieter Hagedorn (Bearb.), Köln
Bärbel Kramer, Michael Erler, Dieter Hagedorn   Band 3
und Robert Hübner (Bearb.), Köln

Vol. VIII
Sayed Omar, Kairo   Das Archiv des Soterichos (P. Soterichos)

Vol. IX   Kölner ägyptische Papyri (P. Köln ägypt.)
Dieter Kurth, Heinz-Josef Thissen und   Band 1
Manfred Weber (Bearb.), Köln

Verzeichnisse sämtlicher Veröffentlichungen der Arbeitsgemeinschaft
für Forschung des Landes Nordrhein-Westfalen, jetzt:
Rheinisch-Westfälische Akademie der Wissenschaften, können beim
Westdeutschen Verlag GmbH, Postfach 300 620, 5090 Leverkusen 3 (Opladen),
angefordert werden

If you have any concerns about our products,
you can contact us on
ProductSafety@springernature.com

In case Publisher is established outside the EU,
the EU authorized representative is:
**Springer Nature Customer Service Center GmbH
Europaplatz 3, 69115 Heidelberg, Germany**

Printed by Libri Plureos GmbH
in Hamburg, Germany